翁丁村聚落调查报告

张捍平　著

中国建筑工业出版社

图书在版编目（ＣＩＰ）数据

翁丁村聚落调查报告 / 张捍平著. —北京：中国建筑工业出版社，2015.4
ISBN 978-7-112-17932-9

I.①翁… II.①张… III.①少数民族—村落—建筑艺术—调查报告—云南省 IV.①TU-092.8

中国版本图书馆CIP数据核字（2015）第053676号

感谢北京建筑大学建筑设计艺术研究中心建设项目的支持

责任编辑： 张幼平
责任校对： 张 颖 刘梦然

翁丁村聚落调查报告
张捍平 著
*
中国建筑工业出版社出版、发行（北京西郊百万庄）
各地新华书店、建筑书店经销
北京画中画印刷有限公司印刷
*
开本：880×1230毫米 1/32 印张：13 ⅞ 字数：359千字
2015年5月第一版 2015年5月第一次印刷
定价：**60.00元**
ISBN 978-7-112-17932-9
（27155）

序

　　从聚落研究的视角来看，记录是非常重要的，而关于记录的方式有两种。一种是对聚落中的建筑本身的形式的记录，大量的建筑学方面的测绘，如古建测绘、民居测绘、聚落测绘均属于这种方式。另外一种是对居民的生活、历史演变、民族宗教等方面进行记录，而这些又多隶属于人类学和民族学层面的思考。尽管这两种记录方式相互之间时常有交融，但由于学科之间界限过于明确，而显得二者之间的交流与交叉略显不足。或许也正因为如此，当面对同一个聚落的对象物时，两个方面的记录多少都会有某种不完整的感觉。而事实上建筑的产生与其社会生活、居民行为的联系性是相当密切的。聚落中的居民的社会行为如何在聚落中展开，家庭的生活如何在住居中呈现，这对于我们认识物质性的聚落和住居非常重要。

　　伴随着人类社会的飞速发展，传统的聚落的形态正在迅速地发生着变化。记得三十年前，还是学生时代的我初去云贵地区进行聚落调查时，还能够看到当时的云贵地区还有不少保持着社会生活和聚落形态互动为一体的聚落。三十年来的经济发展，大量聚落融入到现代化的进程，形态与生活方式一体化的聚落急速减少。因此深入到聚落之中，研究聚落的生活与形态之间的关系，记录那些即将失掉的建造技术、建造方式以及建造这些建筑的人们的思考已经变得刻不容缓。

　　面对这些迫切的课题，北京建筑大学建筑设计艺术研究中心世界聚落文化研究所主持人张捍平老师直接驻扎在翁丁村聚落中，与居民们共同生活，对翁丁村中的每一户居民的起居生活方式进行逐一的观察与调查，对每一户居民的生活习惯及所对应的空间关系进行逐一详细地记录，重点对发生在聚落和住居空间中的生活习惯、民俗文化、居民与住居空间本身之间的人体尺度关系，聚落及居民的行为、住居空间与家庭关系及其各部分空间所承载的信仰、历史、生活习惯等诸问题进行观察和梳理。为进一步理解聚落空间与人的关系问题提供了一个新的视点并展示了非常重要的信息与资料。这本小册子所呈现的是张捍平先生所获得的部分资料和信息内容，为我们理解翁丁村中空间与居民生活之间的关系提供了一个重要的参考。作为一个年轻的聚落研究者，其所采取的"驻扎"这种对聚落观察的姿态，在此给予应有评价。

王昀

2015 年3 月于北京建筑大学

目　录

在调查翁丁村的过程中得知距其不远的地方一个新的翁丁村正在建设中，听说不久的将来目前居住在翁丁村里的居民会移居到新的这个正在兴建的新的村落中，而本书中所调查的翁丁村将会作为一个旅游景点来保护和开发，翁丁聚落中的生活和空间也将会作为一个旅游项目向游客展示。届时新建设的翁丁村能否继续展开现在的生活场景，作为一个旅游景点的目前的翁丁村未来能否依然存留当下的形态，或许仍然是我们需要持续关注的课题。

第一章 关于翁丁村的调查

翁丁村聚落概况

翁丁村位于东经99°05′～99°18′，北纬23°10′～23°19′，海拔1500米，隶属于云南省临沧市沧源佤族自治县勐角傣族彝族拉祜族自治乡，距离沧源县县城33公里，距离临沧市临翔区233公里。翁丁村地处滇西南，属于亚热带和热带立体气候类型。境内气候温和，年均气温为22℃，1月最冷，平均气温为10.8℃；5～8月较热，平均气温为21.6℃。翁丁村雨量充沛，年平均降水量为1755.9毫米。历年平均霜期为48天，无霜天长达317天。翁丁村的行政管辖范围包括老寨、新寨、水榕寨、大寨、桥头寨、新牙寨。本研究调查的翁丁村指的就是翁丁大寨。翁丁村周边地势东高西低，东侧的窝坎大山海拔2605米，翁丁村就位于窝坎大山西侧山脚的一块突出的地形之上。聚落东侧最高处约比西侧最低处高20米。翁丁村的周围被各种植被围绕，以榕树为主。根据居民的介绍，这些榕树为建立翁丁村时种植。从功能上看，树林在聚落周边可以阻挡风尘。种植榕树也和佤族自然崇拜的宗教信仰有关。根据佤族的《司岗里》传说，莫伟对佤族祖先岩佤说，"凡有大榕树的地方就是你的住处"，所以佤族把榕树视为神树。

从山上远望翁丁村整体情况

翁丁村聚落调查过程

　　2010 年10 月到2012 年12 月，作者随同北京大学建筑学研究中心聚落调查小组的老师和同学共同探访了湖北黄石的龙港镇、河东村、朱家山村、杨州村，云南临沧的大马散村、永俄村、翁丁村，云南泸西的城子村，云南怒江的桃花村、五里村、下卡村、秋那桶村，云南大理的诺邓村、渡河村，云南剑川的寺登村，云南丽江的石头城村等二十余个传统聚落。在调查过程中，大量的传统聚落随着城市化的扩张和道路交通的发展都已经不复存在，在一些保留有原始结构的聚落中，住居已经变为现代材料和样式；另一些聚落中保留有一些传统样式的住居，但完整的聚落结构已被破坏。在这样的现状中，还是有一些传统聚落得以较为完好地保存，翁丁村就是其中一个代表。

　　翁丁村已经有近400 年的历史，整体的聚落空间结构保持了聚落自然生长所呈现出的状态，聚落中的住居以及公共空间尽可能地保持了较为原始的状态。更可贵的是聚落中的居民仍然保持一种较为原始的生活方式。

　　翁丁村的调查共进行了两次。第一次调查是在2011 年10 月20 日至10 月23 日，为期4 天，由包括作者在内的6 位同学共同完成。这次调查是云南西南部聚落调查的一部分，翁丁村作为一个重点调查对象进行了时间较长的调查。此次调查完成了翁丁村聚落总平面的初步测绘、聚落中18 户居民住居的详细测绘、部分居民的采访。调查得到了对于翁丁村聚落的总体认识以及部分聚落空间信息和居民情况。

　　第二次调查是在2012 年11 月20 日至12 月22 日，为期33 天，先后由包括作者在内的3 名同学共同完成。在第一次调查的基础上，第二次调查制定了更详细的调查内容和计划。调查内容分为对聚落空间的测绘和对聚落居民的调查。空间测绘包括对聚落总平面图的核对和更新、聚落中全部101 户居民住居的平面图测绘、聚落主要公共空间平面图的测绘、典型住居结构剖面的测绘。对聚落居民的调查包括对于聚落居民姓名、性别、家庭关系、家族关系、身高、坐高等基本信息的采访，生活行为内容、时间的居住行为情况的记录，还包括对聚落居民的民族风俗、宗教仪式、传统观念等的了解。通过这次调查，获得了较为全面的聚落空间数据以及聚落居民的各方面信息。

翁丁村聚落调查的方法

第二次调查，通过归纳第一次测绘和采访的经验，采取了更为严谨和系统的调查方法。调查前在当地旅游部门的帮助下，获得了一张翁丁村几年以前的总平面测绘图纸。研究将第一次绘制的聚落初步总平图与这张测绘图纸进行比较发现，村落的整体形态和空间布局未发生改变，只是增加了一些住居。论文将绘制的初步平面图和这张测绘图进行组合，形成了第二次调查使用的聚落总平面图。

调查的第一步是对聚落中的住居进行逐一编号，以便对测绘数据和采访的信息进行统计和归档。研究按照聚落中道路的划分将翁丁村中101户住居分为5个区域，道路分割出的聚落西北部为A区，南部为B区，东部为C区，最南部的四个单独的住居为D区，最北部的三个单独的住居为E区。各分区中的住居按照位置和空间顺序进行数字递增的编号。

空间测绘采用的是现场测量并绘制平面图加拍摄记录照片的方式进行。测绘由两个人共同完成，一人主要负责绘制测绘图纸和记录数据信息，另一人主要负责拍照记录和数据测量。

在测绘中使用的尺寸测量工具有激光测距仪、10米皮尺、7.5米盒尺。

测绘中大部分的尺寸测量是使用激光测距仪完成的，激光测距仪拥有测量数据准确快速的特点，但对测量环境也有一定的要求，当光

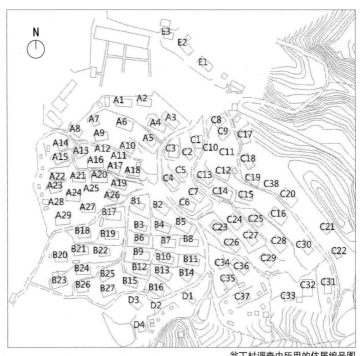

翁丁村调查中所用的住居编号图

线过于强烈或者测量长度中间有遮挡物时，激光测距仪就无法进行测量，这时使用皮尺或盒尺进行测量。

　　住居的测绘按照以下五个步骤进行：

1）平面配置图绘制

　　测绘的第一步是初步的平面配置图。首先根据观察，绘制出住居院落和住居室内的平面配置图。院落配置图包括入口、围墙等院落围合要素，院落中的猪圈、牛棚、水房等饲养和附属房屋，住居的结构柱网。住居室内配置图包括住居的前室平台、楼梯、门、窗、火塘、

 住居整体形象记录

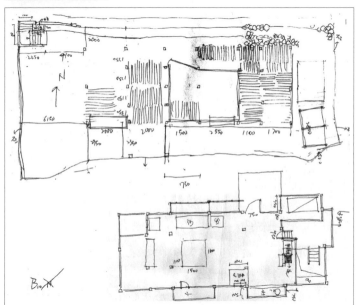

调查所绘制的住居平面图

调查中对于每一个住居进行的图像记录

晒台、墙体、主要的家具。

2）平面尺寸测量、记录

第二步是对主要尺寸的测量和记录。测量住居院落中以及住居室内构成要素的平面尺寸，包括该要素的长和宽；测量住居结构柱网开间的宽度；测量后将测量数据在配置图中相应位置进行标注。

3）平面构成要素定位

第三步是对配置图中的各要素进行平面上的定位。定位包括测绘的各要素之间的距离测量以及各要素在平面图中的角度测量。

住居在院落中要素的定距通过测量住居结构柱网最外侧的柱子与院落围墙的距离进行确定。院落中其他的构成要素的定距，以住居结构柱网中距离该要素最近的一根柱子为参照对象，通过测量该要素距离住居最近的一个角点与参照柱之间在住居柱网两个轴线方向上的距离来确定。住居内部的构成要素以住居室内的柱子为参照对象，对构成要素的角点进行定距。

平面构成要素定向主要是以正北方向为参照，确定构成要素与正北方向的夹角，定位的对象主要是住居院落的入口、围墙、饲养附属建筑和住居。

4）住居室内主要剖面尺寸测量

在对平面配置图测绘结束后，还要对住居室内的入口门、晒台门、窗沿、窗洞、梁、火塘等细部结构的竖向尺寸进行测量，并记录在剖面尺寸统计表中。

5）拍摄空间记录照片

最后是对住居空间的图像记录。空间记录照片分为三个部分：第一部分是拍摄住居的整体形象照片；第二部分是对于住居院落以及住居室内各个立面的扫描拍摄，通过连续的立面连续拍摄，记录在一个方向上的构成要素内容和大致位置；第三部分是重要构成要素和节点的记录，如住居院落中的水池、住居内部的火塘等。

第二章 翁丁村总体情况调查

聚落总体情况

翁丁村目前的聚落空间构成分为两个部分：一个部分是传统聚落的构成要素，这些要素是翁丁村中居民根据自己的生活和文化建造的；另一部分是由于旅游开发所建造的非传统聚落的构成要素，这些是近年翁丁村开发旅游所建立的公共广场和展览服务设施等。

翁丁村宏观层面的聚落构成要素包括寨门、寨心、撒拉房、居民住居、人头桩、神林、墓地、谷仓、道路、排水沟、水池、打歌场、接待中心、博物馆、佤王府、木鼓房、观景台、公共厕所。其中属于翁丁村传统聚落空间的是寨门、寨心、居民住居、人头桩、神林、墓地、谷仓、道路、排水沟、水池。

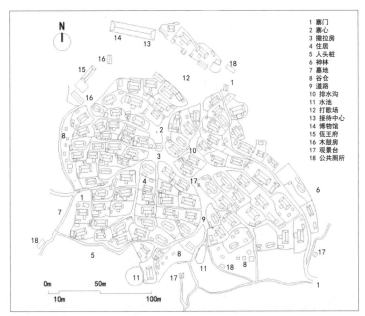

1 寨门
2 寨心
3 撒拉房
4 住居
5 人头桩
6 神林
7 墓地
8 谷仓
9 道路
10 排水沟
11 水池
12 打歌场
13 接待中心
14 博物馆
15 佤王府
16 木鼓房
17 观景台
18 公共厕所

0m　　50m
10m　　　100m

翁丁村总平面图

住居情况

在对建造年代进行调查后，研究共得到了全部101户住户中98户住居建造年代的数据，住居D01、A21、A24由于无人居住和无法较为准确地确定时间，所以缺少建造年代数据。在调查结果中，翁丁村目前的住居修建于1980年到1989年间的有6户，修建于1990年到2009年的有23户，修建于2000年至2009年的有67户，其中修建于2000年至2004的有40户，修建于2005年至2009年的有27户，2010年后修建的有2户。调查发现，翁丁村现存住居建于2000年至2009年的居多。

在对建筑层数的调查中，得到了全部101户的住居建筑层数数据。其中2层的住居有87户，一层的住居有14户。翁丁村中大部分住居为2层，2层住居的一层为架空区域。

在对住居屋顶样式的调查中，得到了全部101户住居屋顶样式的数据。翁丁村住居的屋顶按照平面可以分为两种样式，一种屋顶呈现矩形平面，研究简称为方顶；另一种屋顶在屋顶平面中两端为半圆形，研究简称为圆顶。调查发现，翁丁村中圆顶住居有22户，其余均为方顶住居。

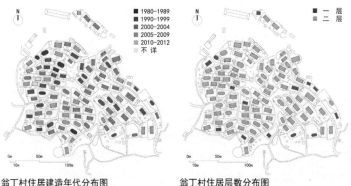

翁丁村住居建造年代分布图　　　　翁丁村住居层数分布图

住居屋顶按照剖面可以分为新式屋顶和旧式屋顶。根据居民肖艾新讲述，翁丁村住居的屋顶分新旧两种，主要区别是坡度不同。翁丁村中的居民用几分水来形容屋顶的坡度。

翁丁村住居屋顶样式分布图

居民情况

经过调查，翁丁村中共有在册人口463人，其中常住人口372人。101 户住居中，共有3户无人常居，分别是A08、A21、D01，其中A08、A21 有在册的户口信息，D01 未找到户口信息。翁丁村中具有人口信息的有100户，实际有常住居民98户。经过调查，在传统佤族社会关系中，最早来建立翁丁村的人为村寨的寨主（或称头人），寨主实施世袭制。翁丁村最早由缅甸来的杨姓兄弟建立，村寨建立300年以来，寨主一直为杨姓家族中人。现翁丁村中的寨主为居住在居住编号C17中的杨岩那。寨主旧时在村寨中拥有极高的权力和威信，村寨中的居民要为寨主劳作，将收获的粮食上缴。后随着社会的改造，寨主已经变成了仅具象征意义的头衔。

根据调查，翁丁村中居民共分为5个姓氏家族，分别是杨姓、肖姓、李姓、田姓和赵姓家族。杨、肖、李三个姓氏家族为翁丁村中的大家族，人口数和户数占翁丁村中居民的较大比例。肖姓家族是现在翁丁村中最大的姓氏家族，户主姓肖的共有39户，分为12个支系家族；杨姓家族共有27户，分为6个支系家族；李姓家族共有18户，分为5个支系家族。赵姓家族和田姓家族属于翁丁村中的小家族，人口和户数较少。田姓家族共9户，分为4个支系家族。赵姓家族共有7户，分为3个支系家族。

翁丁村中居民家庭状况分为三种，分别为三辈之家、两辈之家和一辈之家。之所以会形成三种不同的家庭构成，源于佤族居民家庭的分家制。根据居民肖欧门讲述，一般男性居民在成家后就会带着家眷从原来居住的房屋中分家出去，重新选定地点建造住房，家中若有兄弟几个，只留老大或老小在祖寨中居住，其余兄弟均要分家出去单住。在翁丁村居民的家庭构成中，三辈之家呈现的是家庭分家之前的状态，二辈人和一辈人呈现的是分家后的状态。

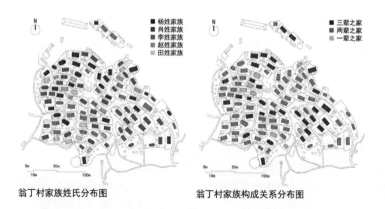

翁丁村家族姓氏分布图　　　　翁丁村家族构成关系分布图

第三章 关于 101 个住居调查的呈现

翁丁村101个住居，在调查过程中，我们根据聚落中的道路和空间位置关系把所有住居分为A-E五个区，并对每个住居进行编号。这种编号体系只是作为临时性的标记，其中缺乏对于村落整体情况的考虑和内在的逻辑性。调查发现翁丁村中内在组织关系有两种，一种是原始的姓氏家族关系，另一种是现代的劳动小组组织关系。劳动小组为现代指派性的组合，与翁丁村聚落的关系不大，而原始的姓氏家族关系与翁丁村内居民的社会地位、社会功能都有着直接的联系。所以本书按照翁丁村中姓氏家族的逻辑对101个住居进行呈现。首先是作为聚落主人的杨姓家族，第二是村内的第二大家族也是拥有最多户数的肖姓家族，第三是第三大的李姓家族，最后是两个外来的田姓和赵姓家族。

对于翁丁村聚落的调查呈现是以翁丁村101户住居为单位，使用调查得来的客观事实和数据信息，尽可能全面地对这101个住居进行描述，希望通过这些客观的数字和图纸表现一个生动的聚落状态。

呈现的内容包括两方面：数据、图纸信息呈现和影像呈现。

在数据信息呈现中，通过基本信息、长度、面积三组数据对每一个住居以及居住的居民的情况进行描述。

基本信息包括住居户主姓名，家庭成员及关系，家中几代人，在册登记人口数，常住人口数，测量身高，人的性别，建造年代，住居层数，屋顶样式，拥有的旱地、水田、竹子、核桃、茶叶、杉木亩数以及养殖的猪、牛、鸡、鸭子、猫、狗的数量。这些数据表现出了每一户居民家中的家庭基本情况。在调查中，我们还随机选择每户居民的一位家庭成员对其身高进行测量，并记录下被测量人的性别，以便进行比较。住居建造的年代、层数、屋顶样式说明房子的基本情况，耕地和饲养情况是每一户居民家庭经济情况的侧面说明。

长度数据包括被测量的居民的身高、坐高，入口门高度，晒台门高度，墙窗窗洞高度，墙窗下沿高度，墙窗上沿高度，顶窗窗洞的高度，顶窗下沿高度，顶窗上下沿水平进深，室内梁的高度，火塘上架子的高度。长度信息呈现了翁丁村中佤族居民基本的身体尺度和每一个住居的主要洞口的高度，两组高度放在一起，可以直观看到翁丁村居民的身体数据与住居各洞口之间高度的关系。

面积数据包括住居的室内和室外两部分不同功能区域的面积数据。住居室外的面积数据包括住居院子的面积，住居占地面积，院子中晾晒空地、种植、用水、饲养、附属、加建的面积。住居室内的面积数据包括主屋、供位、火塘、主卧、次卧、祭祀、餐厨、储藏、会客、生水、内室、主人、平台、晒台的面积信息。面积数据体现的是每一户居民所拥有的空间范围，同时也反映了翁丁村中每一户住居的功能构成以及配置比例。

数据呈现共分四组，分别是"结果"、"范围"、"平均（单项）"、"平均（总数）"。"结果"是指每一个单项数据的调查结果或具体数值；"范围"是指一个单项内容，排除掉没有该单项的住居，该单项数据在翁丁村中存在的范围；"平均（单项）"是指在拥有这一单项的所有住居该单项的数值总和除以拥有该单项的住居的个数所得到的平均数；"平均（总数）"是指所有住居某一单项的数据（若某一住居没有该项数据则记作"0"）的总和除以101（所有住居数）所得到的该单项内容在所有住居中的平均数。

在图纸信息呈现中，通过住居位置图、住居亲属关系位置图、住居平面图、住居功能配置图来表现每一个住居在翁丁村中的空间关系，在整个聚落的层面客观地说明每一个住居的所在位置，同时也说明所在位置的内在联系，在每一个住居的层面说明了住居内部的功能构成以及空间组织。通过对地理位置关系的呈现，试图展现翁丁村中居民的心理和社会关系。

影像信息，呈现了每一户住居的整体形象，院子中的特征空间、住居入口、室内的特征空间以及火塘周边场景。

信息解读

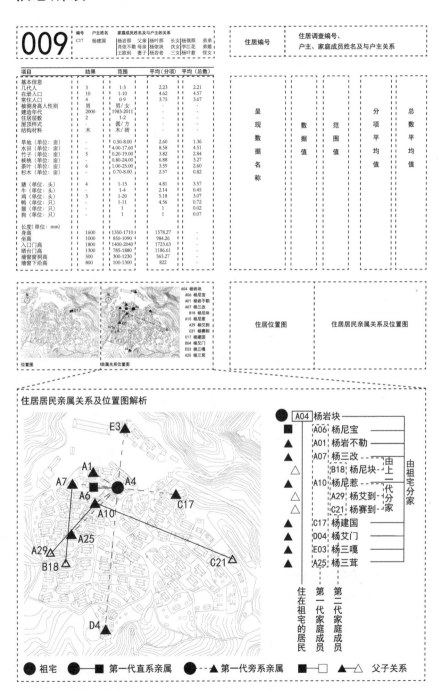

009	编号	户主姓名	家庭成员姓名及与户主的关系

编号	户主姓名
C17	杨建国

杨岩邪	父亲	杨叶那	长女	杨俄那	弟弟
肖依不勒	母亲	杨依块	次女	李江花	弟媳
王欧利	妻子	杨岱老	三女	杨叶惹	侄女

住居编号 住居调查编号、户主、家庭成员姓名及与户主关系

项目	结果	范围	平均（分项）	平均（总数）
基本信息				
几代人	3	1-3	2.23	2.21
在册人口	10	1-10	4.62	4.57
常住人口	4	0-9	3.75	3.67
被测身高人性别	男	男/女	-	-
建造年代	2000	1983-2011	-	-
住居层数	2	1-2	-	-
屋顶样式	圆	圆/方	-	-
结构材料	木	木/砖	-	-
旱地（单位：亩）	-	0.50-8.00	2.60	1.36
水田（单位：亩）	-	4.00-17.60	8.58	4.51
竹子（单位：亩）	5	0.20-19.00	3.82	2.84
核桃（单位：亩）	-	0.80-24.00	6.88	3.27
茶叶（单位：亩）	6	1.00-25.00	3.59	2.60
杉木（单位：亩）	-	0.70-8.00	2.57	0.82
猪（单位：头）	4	1-15	4.81	3.57
牛（单位：头）	-	1-4	2.14	0.45
鸡（单位：头）	3	1-20	5.18	3.07
鸭（单位：只）	-	1-11	4.56	0.72
猫（单位：只）	-	1	1	0.02
狗（单位：只）	-	1	1	0.07
长度（单位：mm）				
身高	1600	1350-1710	1578.27	-
坐高	1000	850-1090	984.26	-
入口门高	1800	1400-2040	1723.63	-
晒台门高	1300	785-1880	1186.61	-
墙窗窗洞高	500	300-1230	565.27	-
墙窗下沿高	800	100-1300	822	-

呈现数据名称 数据值 范围值 分项平均值 总数平均值

位置图

亲属关系位置图

A04 杨岩块
A06 杨尼宝
A01 杨岩不勒
A07 杨三改
B18 杨尼块
A10 杨尼惹
A29 杨艾到
C21 杨赛到
C17 杨建国
D04 杨艾门
E03 杨三嘎
A25 杨三茸

住居位置图 住居居民亲属关系及位置图

住居居民亲属关系及位置图解析

● A04	杨岩块	
■ A06	杨尼宝	
▲ A01	杨岩不勒	由上二代分家
▲ A07	杨三改	
△ B18	杨尼块	
▲ A10	杨尼惹	
△ A29	杨艾到	
△ C21	杨赛到	
▲ C17	杨建国	
▲ D04	杨艾门	
▲ E03	杨三嘎	
▲ A25	杨三茸	

由祖宅分家

住在祖宅的居民　第一代家庭成员　第二代家庭成员

● 祖宅　●—■ 第一代直系亲属　●--▲ 第一代旁系亲属　■—□ ▲—△ 父子关系

14

		一层平面图	院落空间功能分配图
住居平面图	住居功能平面图	二层平面图	室内空间划分图 / 室内空间功能分配图

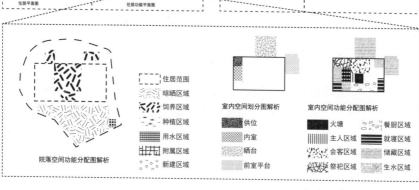

院落空间功能分配图解析

- ⬚ 住居范围
- 晾晒区域
- 饲养区域
- 种植区域
- 用水区域
- 附属区域
- 新建区域

室内空间划分图解析

- 供位
- 内室
- 晒台
- 前室平台

室内空间功能分配图解析

- 火塘
- 餐厨区域
- 主人区域
- 就寝区域
- 会客区域
- 储藏区域
- 祭祀区域
- 生水区域

住居编号

住居的整体形象，从住居门口或住居的南面看到的住居景象

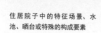

住居院子中的特征场景、水池、晒台或特殊的构成要素

住居入口处的场景和形态

住居室内的特征场景，住居入口处、餐厨区域、生水区域、祭祀区域等

住居室内的火塘及周边场景

名词解释

编号 — 测绘过程中的临时编号。

户主 — 指在村委会登记的住居的户主。通常为家中的青壮年男性居民。

家庭成员及关系 — 登记的家庭成员及每一位成员与户主的关系，

佤名解析 — 翁丁村大部分佤族居民的姓名是根据佤族特有的命名传统进行的。佤族传统的名字通常分为三个部分。

第一部分是名字的第一个字，也就是居民的姓氏，居民跟随自己父亲的姓氏。在翁丁村中共有5个姓氏，分别是杨、肖、李、田、赵。

第二部分是名字中的第二个字。名字的第二个字区分男女，也体现在家中的排行。由于佤族没有文字，只有语言，所以为了记录用读音相近的汉字表示。男性居民的排行共分九级。若男性居民为家中的长子，名字中的第二个字为"ai"，通常使用汉字"岩"或"艾"；若为次子，第二个字为"ni"，用汉字尼，以此类推，往后分别是sang"，用汉字三"；"sai"，用汉字赛"；"e"，用汉字俄"或饿"；"lou"，用汉字六"或娄"；"jie"，用汉字杰"；"ba"，用汉字拔"；"le"，用汉字"勒"。女性居民的排行也分八级。若女性居民为家中的长女，则名字中第二个字为"ye"，用汉字"叶"；若为次女，第二个字为"yi"，用汉字"依"。以此类推，往后分别是an"，用汉字安"；"ou"，用汉字鸥"；"ye"，用汉字耶"；"yi"，用汉字"依"，"wu"，用汉字"我"；"lun"，用汉字"论"。

第三部分是名字的第三个字或第三和第四个字。这一部

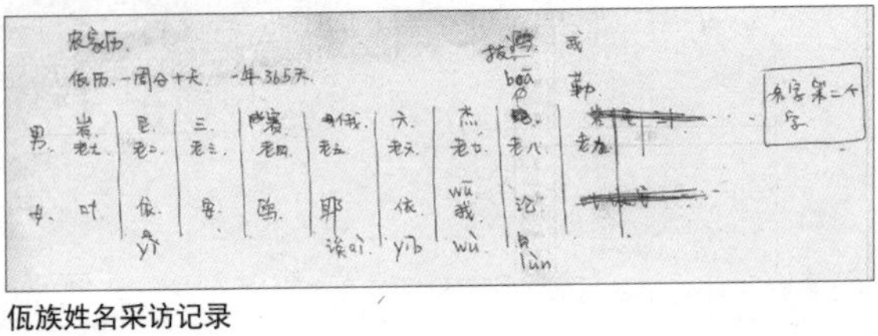

佤族姓名采访记录

分是人根据佤族的传统历法中居民出生时的天干或地支决定。在佤族的传统历法当中，十个天干是"搞"、"那"、"惹"、"门"、"不勒"、"改"、"块"、"茸"、"到"、"嘎"；十二个地支是"者"、"不老"、"尼"、"毛"、"西"、"赛"、"斯阿"、"莫"、"散"、"绕"、"灭"、"亥"。

基本信息

几代人 — 住居中居住的居民家庭关系有几代。翁丁村的佤族居民在成年后要从老宅中分家单住，会留长子或幼子在老宅中照顾老人。所以除正常的生老病死外，一个住居中会出现不同的几代人公共生活的情况。

在册人口 — 在村委会登记的住居居住人数。

常住人口 — 翁丁村内的居民，为了糊口和更好地生活，大部分青壮年居民都选择到外地打工或工作，在村中常住的的多为还在上学的孩子和年岁较高的老人和妇女。

被测身高人性别 — 在每一户居民中随机选择一名成年家庭成员测量身体数据，此项说明的是该名被测居民的性别。考虑到翁丁村中生产、建造等工作主要是由男性承担，所以测量的居民以男性为主。

建造年代 — 所调查的住居的建造年份。居民会把建造房屋的日期记录在室内的房梁上。

居民在房梁上记录房子的建造时间

住居层数 — 所调查住居的层数。翁丁村的佤族居民在分家后只能修
建一层的住居，在凑够了盖两层房子的钱后，会选择修
建两层住居。

一层的住居　　　　　　　　　　二层的住居

屋顶样式 — 所调查住居屋顶的样式。翁丁村中住居的屋顶从平面上
看分为两种样式：一种是有明显四个坡面的方形屋顶，
另一种从侧面看类似锥形的圆形屋顶。

圆形屋顶的住居　　　　　　　　方形屋顶的住居

结构材料 — 住居的支撑结构所使用的建造材料。

旱地、水田、柱子 — 所调查住居居民拥有的耕地、林地的数量。
核桃、茶叶、杉木

猪、牛、鸡、鸭、猫、狗 — 所调查的居民拥有的牲畜数量。

长度
身高 — 在翁丁村中居住的居民的身高。我们根据调查情况，现
场对所调查的住居内居住的一位居民进行测量。

坐高 — 翁丁村中居住居民的坐高。居民坐高的测量，方法是请
居民坐在每家都有的竹凳上，保持放松状态，测量从地面
到居民头顶的距离。

入口门 — 进入住居的室内的门的高度。翁丁村中居民在住居入口
使用的门有推拉门和合页门两种。

入口的合页门　　　　　　　　　　　　入口的推拉门

晒台门 — 住居室内通往二层晒台的门的高度。翁丁村中居民在晒
台入口使用的门有推拉门和合页门两种。

通往晒台的合页门　　　　　　　　　通往晒台的推拉门

墙窗 — 翁丁村中住居内开窗按照开窗位置可以分为两种。一种
是在住居的墙上开的窗。所有在墙上开的窗有可开启的

单扇合页窗、可开启的双扇合页窗、无遮挡的窗洞和无法开启的玻璃窗四种形式。

单开合页墙窗

双开合页墙窗

墙上的窗洞

玻璃墙

墙窗窗洞 — 住居室内在墙上所开的窗户窗洞的高度。

墙窗下沿 — 住居室内在墙上所开的窗户的下沿到室内地面的高度。

墙窗上沿 — 住居室内在墙上所开的窗户的上沿到室内地面的高度。

顶窗 — 翁丁村中住居内开窗的另一种形式是在屋顶上开矩形的可开启的窗户。顶窗无法完全打开,窗子打开需要使用木棍作为支撑。

从室内看顶窗

从室外看顶窗

顶窗窗洞 — 住居室内屋顶上所开的窗户，从窗户上沿到窗户下沿的垂直高度。

顶窗下沿 — 住居室内屋顶上所开的窗户，从窗户下沿到室内地面的垂直高度。

顶窗上下沿水平 — 住居室内屋顶上所开的窗户，窗户上沿与下沿之间的水平进深长度。

室内梁 — 住居室内屋顶中的距离地面最近的横梁距离室内地面的垂直高度。

住居室内梁与居民的身高　　　　住居室内的房梁

火塘架子 — 室内火塘上，悬挂的用于存放、熏、晾物品的架子距离室内地面的高度。

火塘上存放东西的架子　　　　火塘架子的高度与居民的坐高

面积（室外）

院子区域 — 每一个住居用围墙或用地形划分出的院子的范围。院子
入口有篱笆门或拱门，院子范围用地形、篱笆矮墙或石
头垒的矮墙划分。

石头围墙的院子   竹篱笆墙的院子

住居区域 — 每一个住居的投影范围。二层住居的居民将柴存放在住
居一层的柱子之间，一层住居的居民将柴存放在住居外
墙周边、屋顶可以覆盖的范围内。

翁丁村中的住居   翁丁村中的住居单体

晾晒区域 — 住居院落内的一片空地，用于晾晒稻谷、蔬菜等。在晾
晒空间中有的居民会设置晾衣竿。

在院子中晾晒作物   在院子中晾晒衣物

种植区域 — 院子中用于种植作物的区域。居民在院内种植的作物有
芭蕉、仙人掌、三角梅以及日常食用的蔬菜等。

在院子中种植作物　　　　　　　　在有院子中种植作物

用水区域 — 用水空间是住居院落内水源。住居院落中的用水区域直
接与聚落中的排水沟相连。

居民在院子中洗衣服　　　　　　　居民在院子中梳洗

饲养区域 — 饲养牲畜的区域。猪圈是居民饲养生猪的空间，通常使用
木头搭建，上面覆以茅草。绝大多数的猪圈是独立于住居
之外、单独在住居院落中出现的，少部分居民将生猪饲养
在住居一层的架空空间当中。牛大多饲养在住居一层的架
空空间当中，少数居民会为牛单独设立牛棚。鸡鸭饲养在
专门制作的木笼中，普遍将木笼放置在住居一层的架空空
间或住居室内的前室平台下方。

院子中的猪圈　　　　　　　　　　居民正在建造的鸭笼子

附属区域 — 附属空间是翁丁村居民在院落中建造的附属性建筑，附属空间主要用于放置农机具、摩托车、剥谷机等机械，极少数家中还保留有谷仓或设有厕所。

建在院子旁边的车棚　　　　　　　建在住居旁边的车棚

加建区域 — 加建区域是居民在住居旁边及院落中搭建的农家院、小商店等功能用房，这些房间非传统聚落生活用房，属于因开发旅游等活动修建的房屋。。

院子入口处修建的小商店　　　　　　小商店入口及内部

面积（室内按空间划分）

前室平台 — 前室平台是二层住居的一个半层高的平台，平台上设有两个楼梯，楼梯分别连接室外地面和室内入口。前室平台位于屋顶之下，属于室内外转换的灰空间。

前室平台和进入室内的楼梯　　　　　走上前室平台的楼梯

起居室 —— 起居室是住居内的主要空间，是居民室内活动的主要区域，火塘位于起居空间当中。

在火塘旁向室内看　　　　　在火塘旁向住居入口看

供位 —— 供位是居民用于祭祀活动的一个单独的小隔间，只有每年过年的时候才能由家中的主人进入供位内进行祭祀和祈福活动，平日不能进入，女性和客人不能随便靠近供位。

椅子、茶具等遮挡住的供位入口　　用席子遮挡着的供位入口

内室 —— 内室在供位隔壁。大部分居民家中内室是家中老人、长辈或主人睡觉的地方，有些居民也将内室作为储藏室使用。内室通常在远离供位一侧开口，内室空间普遍通过木墙或衣柜划分。

作为储藏室的内室　　　　　作为卧室的内室

晒台 — 晒台是增加的晾晒空间，在二层的主句中通常是从室内开一个小门，外面用木头支起一个小平台。在一些一层住居中，居民也会在院子里阳光好的位置修建一个比地面高的平台作为晒台。

住居二层的晒台　　　　　　　　住居院子中的晒台

面积（室内按功能划分）

火塘区域 — 火塘位于起居空间的中央。大部分住居中有一个火塘，只有A07家中有两个火塘。火塘用于煮食、取暖、促进室内空气流通等，火塘中的火终年不熄。

火塘及坐在火塘旁的居民　　　　A07家中位于入口旁边的次火塘

主人区域 — 主人区域是火塘与内室之间的范围。这个区域是住居中主人日常起居的主要活动区域。

主人坐在火塘旁边　　　　　　　主人在座位上休息

祭祀区域 — 祭祀区域是指居民在住居内进行祭祀活动的区域。供位内部是居民过年时最主要的祭祀区域，供位门口的位置是居民平时进行祭祀、叫魂等活动的区域。这个区域平时摆放板凳、桌子、茶具等待客的家具，同时也摆放存放祭祀用品的箱子。

摆放着茶具的供位入口前　　　　祭祀使用的道具

会客区域 — 会客区域在"火塘上面"、靠近火塘附近的区域，是居民招待客人、让客人就坐的区域。在一些住居中，主人会在这个区域内铺上竹席作为会客区域的界限。

会客区域摆放的沙发　　　　　　铺着席子的会客区域

餐厨区域 — 餐厨区域位于"火塘下面"、靠近火塘附近的区域，是居民平时做饭、吃饭的区域，同时也是住居中女性主要的起居活动区域。

摆放的厨房用具　　　　　　　　在餐厨区域就餐的居民

就寝区域 — 就寝区域分为两个部分，一部分是主人就寝的区域，另一部分是住居中其他家庭成员就寝的区域。主寝区域通常位于内室，也有部分住居中主人并不睡在内室，而是睡在火塘旁边。

摆在起居室中的床　　　　　　　　在火塘旁边休息的居民

生水区域 — 生水区域由牲畜火塘改造或在原牲畜火塘的位置附近。部分居民在这个区域内用水泥或石板划分出一个区域，存放生活使用的生水、喂食牲畜的饲料、少量生活污水等。

用石板分隔的生水区域　　　　　　铺有塑料布的生水区域

储藏区域 — 居民在住居内存放不经常使用的生活物品的地方。通常位于内室入口附近的位置，距离餐厨区域较近，用于存放粮食；门口附近区域，用于存放生产工具、日用杂物等一些生活物品。

居民堆放衣物的箱子　　　　　　　居民储存米的米柜

第四章　101 个住居的呈现

001

项目	结果	范围	平均（分项）	平均（总数）
基本信息				
几代人	3	1-3	2.23	2.21
在册人口	10	1-10	4.62	4.57
常住人口	9	0-9	3.75	3.67
被测身高人性别	男	男/女	-	-
建造年代	1997	1983-2011	-	-
住居层数	2	1-2	-	-
屋顶样式	-	圆/方	-	-
结构材料	木	木/砖	-	-
旱地（单位：亩）	-	0.50-8.00	2.60	1.36
水田（单位：亩）	-	4.00-17.60	8.58	4.51
竹子（单位：亩）	5	0.20-19.00	3.82	2.84
核桃（单位：亩）	-	0.80-24.00	6.88	3.27
茶叶（单位：亩）	25	1.00-25.00	3.59	2.60
杉木（单位：亩）	-	0.70-8.00	2.57	0.82
猪（单位：头）	10	1-15	4.81	3.57
牛（单位：头）	-	1-4	2.14	0.45
鸡（单位：头）	5	1-20	5.18	3.07
鸭（单位：只）	11	1-11	4.56	0.72
猫（单位：只）	-	1	1	0.02
狗（单位：只）	1	1	1	0.07
长度(单位：mm)				
身高	1700	1350-1710	1578.27	-
坐高	1030	850-1090	984.26	-
入口门高	1750	1400-2040	1723.63	-
晒台门高	900	785-1880	1186.61	-
墙窗窗洞高	700	300-1230	565.27	-
墙窗下沿高	1100	100-1300	822	-

位置图

亲属关系位置图

A04 杨岩块
A06 杨尼宝
A01 杨岩不勒
A07 杨三改
B18 杨尼块
A10 杨尼惹
A29 杨岩到
C21 杨赛到
C17 杨建国
D04 杨岩门
E03 杨三嘎
A25 杨三茸

项目	结果	范围	平均（分项）	平均（总数）
墙窗上沿高	-	1170-1950	1406.48	-
顶窗窗洞高	-	300-1400	1031.43	-
顶窗下沿高	-	730-1500	1027.50	-
顶窗上下沿进深	-	500-1800	1007.14	-
室内梁高	2100	1640-2550	2017.86	-
火塘上架子高	1500	1200-1650	1447.50	-
面积（单位：㎡）				
院子	294.01	96.50-159.63	235.64	235.64
住居	80.73	28.16-110.52	59.12	59.12
晾晒	60.81	6.11-106.15	43.10	40.54
种植	-	1.29-274.76	33.03	15.37
用水	7.20	0.38-9.80	3.02	2.90
饲养	31.87	2.20-75.17	18.92	17.98
附属	-	3.36-28.58	14.45	2.86
加建	-	4.81-50.00	23.81	2.59
前室平台	11.27	2.15-13.80	6.43	5.41
起居室	63.07	22.31-70.03	40.02	40.02
供位	1.44	0.54-3.68	1.93	1.89
内室	9.00	2.10-9.00	4.26	4.13
晒台	9.72	1.53-29.04	8.80	5.13
火塘区域	2.70	1.20-3.60	2.43	2.31
主人区域	6.17	1.79-9.00	4.81	4.66
祭祀区域	5.34	1.41-7.22	3.95	3.95
会客区域	8.15	1.88-15.63	7.11	6.90
餐厨区域	5.40	1.46-14.43	5.55	5.39
就寝区域	9.72	1.76-17.23	7.92	7.77
生水区域	-	0.54-6.17	2.11	1.46
储藏区域	9.11	1.12-16.86	7.11	6.89

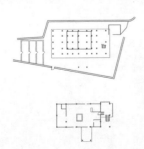

住居平面图

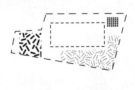

住居功能平面图

院落

住居入口

住居整体形象

住居室内

火塘

002

不　详　妻子	不　详　长孙	
不　详　儿子	不　详　次孙	
不　详　儿媳		

项目	结果	范围	平均（分项）	平均（总数）
基本信息				
几代人	3	1-3	2.23	2.21
在册人口	6	1-10	4.62	4.57
常住人口	6	0-9	3.75	3.67
被测身高人性别	男	男/女	-	-
建造年代	2008	1983-2011	-	-
住居层数	2	1-2	-	-
屋顶样式	-	圆/方	-	-
结构材料	木	木/砖	-	-
旱地（单位：亩）	-	0.50-8.00	2.60	1.36
水田（单位：亩）	-	4.00-17.60	8.58	4.51
竹子（单位：亩）	-	0.20-19.00	3.82	2.84
核桃（单位：亩）	-	0.80-24.00	6.88	3.27
茶叶（单位：亩）	-	1.00-25.00	3.59	2.60
杉木（单位：亩）	-	0.70-8.00	2.57	0.82
猪（单位：头）	3	1-15	4.81	3.57
牛（单位：头）	1	1-4	2.14	0.45
鸡（单位：头）	3	1-20	5.18	3.07
鸭（单位：只）	-	1-11	4.56	0.72
猫（单位：只）	-	1	1	0.02
狗（单位：只）	-	1	1	0.07
长度(单位：mm)				
身高	1600	1350-1710	1578.27	-
坐高	1020	850-1090	984.26	-
入口门高	1750	1400-2040	1723.63	-
晒台门高	1680	785-1880	1186.61	-
墙窗窗洞高	600	300-1230	565.27	-
墙窗下沿高	670	100-1300	822	-

位置图

亲属关系位置图

A04 杨岩块
A06 杨尼宝
A01 杨岩不勒
A07 杨三改
B18 杨尼块
A10 杨尼惹
A29 杨岩到
C21 杨赛到
C17 杨建国
D04 杨岩门
E03 杨三嘎
A25 杨三茸

项目	结果	范围	平均（分项）	平均（总数）
墙窗上沿高	1460	1170-1950	1406.48	-
顶窗窗洞高	-	300-1400	1031.43	-
顶窗下沿高	-	730-1500	1027.50	-
顶窗上下沿进深	-	500-1800	1007.14	-
室内梁高	2100	1640-2550	2017.86	-
火塘上架子高	1600	1200-1650	1447.50	-
面积（单位：㎡）				
院子	395.29	96.50-159.63	235.64	235.64
住居	84.50	28.16-110.52	59.12	59.12
晾晒	25.31	6.11-106.15	43.10	40.54
种植	-	1.29-274.76	33.03	15.37
用水	6.87	0.38-9.80	3.02	2.90
饲养	32.29	2.20-75.17	18.92	17.98
附属	-	3.36-28.58	14.45	2.86
加建	-	4.81-50.00	23.81	2.59
前室平台	3.64	2.15-13.80	6.43	5.41
起居室	46.51	22.31-70.03	40.02	40.02
供位	1.98	0.54-3.68	1.93	1.89
内室	6.09	2.10-9.00	4.26	4.13
晒台	10.53	1.53-29.04	8.80	5.13
火塘区域	3.41	1.20-3.60	2.43	2.31
主人区域	8.28	1.79-9.00	4.81	4.66
祭祀区域	4.05	1.41-7.22	3.95	3.95
会客区域	11.21	1.88-15.63	7.11	6.90
餐厨区域	6.14	1.46-14.43	5.55	5.39
就寝区域	14.01	1.76-17.23	7.92	7.77
生水区域	1.25	0.54-6.17	2.11	1.46
储藏区域	9.06	1.12-16.86	7.11	6.89

住居平面图

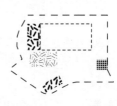

住居功能平面图

002

院落

住居入口

住居靠檐处火 住居室内 火塘

003

编号	户主姓名	家庭成员姓名及与户主的关系	
A01	杨岩不勒	杨欧嘎	长女
		李岩嘎	孙子
		李叶那	孙女

项目	结果	范围	平均（分项）	平均（总数）
基本信息				
几代人	3	1-3	2.23	2.21
在册人口	4	1-10	4.62	4.57
常住人口	4	0-9	3.75	3.67
被测身高人性别	男	男/女	-	-
建造年代	2005	1983-2011	-	-
住居层数	2	1-2	-	-
屋顶样式	-	圆/方	-	-
结构材料	木	木/砖	-	-
旱地（单位：亩）	2	0.50-8.00	2.60	1.36
水田（单位：亩）	-	4.00-17.60	8.58	4.51
竹子（单位：亩）	2	0.20-19.00	3.82	2.84
核桃（单位：亩）	-	0.80-24.00	6.88	3.27
茶叶（单位：亩）	3	1.00-25.00	3.59	2.60
杉木（单位：亩）	-	0.70-8.00	2.57	0.82
猪（单位：头）	-	1-15	4.81	3.57
牛（单位：头）	-	1-4	2.14	0.45
鸡（单位：头）	-	1-20	5.18	3.07
鸭（单位：只）	-	1-11	4.56	0.72
猫（单位：只）	-	1	1	0.02
狗（单位：只）	-	1	1	0.07
长度(单位：mm)				
身高	1600	1350-1710	1578.27	-
坐高	-	850-1090	984.26	-
入口门高	1780	1400-2040	1723.63	-
晒台门高	-	785-1880	1186.61	-
墙窗窗洞高	700	300-1230	565.27	-
墙窗下沿高	950	100-1300	822	-

位置图

亲属关系位置图

A04 杨岩块
A06 杨尼宝
A01 杨岩不勒
A07 杨三改
B18 杨尼块
A10 杨尼惹
A29 杨岩到
C21 杨赛到
C17 杨建国
D04 杨岩门
E03 杨三嘎
A25 杨三茸

项目	结果	范围	平均（分项）	平均（总数）
墙窗上沿高	-	1170-1950	1406.48	-
顶窗窗洞高	-	300-1400	1031.43	-
顶窗下沿高	-	730-1500	1027.50	-
顶窗上下沿进深	-	500-1800	1007.14	-
室内梁高	2000	1640-2550	2017.86	-
火塘上架子高	-	1200-1650	1447.50	-
面积（单位：㎡）				
院子	346.75	96.50-159.63	235.64	235.64
住居	86.80	28.16-110.52	59.12	59.12
晾晒	18.24	6.11-106.15	43.10	40.54
种植	-	1.29-274.76	33.03	15.37
用水	8.54	0.38-9.80	3.02	2.90
饲养	10.84	2.20-75.17	18.92	17.98
附属	22.77	3.36-28.58	14.45	2.86
加建	42.14	4.81-50.00	23.81	2.59
前室平台	5.48	2.15-13.80	6.43	5.41
起居室	44.09	22.31-70.03	40.02	40.02
供位	1.92	0.54-3.68	1.93	1.89
内室	5.92	2.10-9.00	4.26	4.13
晒台	29.04	1.53-29.04	8.80	5.13
火塘区域	2.25	1.20-3.60	2.43	2.31
主人区域	9.00	1.79-9.00	4.81	4.66
祭祀区域	4.04	1.41-7.22	3.95	3.95
会客区域	12.92	1.88-15.63	7.11	6.90
餐厨区域	7.60	1.46-14.43	5.55	5.39
就寝区域	7.99	1.76-17.23	7.92	7.77
生水区域	-	0.54-6.17	2.11	1.46
储藏区域	10.06	1.12-16.86	7.11	6.89

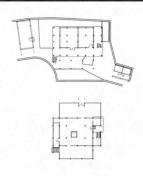

住居平面图

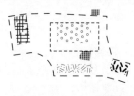

住居功能平面图

003

院落

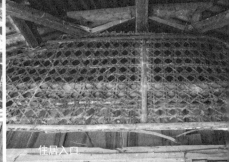

住居入口

住居整体形态

住居室内

火塘

编号	户主姓名	家庭成员姓名及与户主的关系			
A07	杨三改	李安门	妻子	杨欧块	四女
		杨依兴	次女		
		杨岩绕	长子		

项目	结果	范围	平均（分项）	平均（总数）
基本信息				
几代人	2	1-3	2.23	2.21
在册人口	5	1-10	4.62	4.57
常住人口	3	0-9	3.75	3.67
被测身高人性别	男	男/女	-	-
建造年代	1983	1983-2011	-	-
住居层数	2	1-2	-	-
屋顶样式	圆	圆/方	-	-
结构材料	木	木/砖	-	-
旱地（单位：亩）	1	0.50-8.00	2.60	1.36
水田（单位：亩）	-	4.00-17.60	8.58	4.51
竹子（单位：亩）	1	0.20-19.00	3.82	2.84
核桃（单位：亩）	-	0.80-24.00	6.88	3.27
茶叶（单位：亩）	2	1.00-25.00	3.59	2.60
杉木（单位：亩）		0.70-8.00	2.57	0.82
猪（单位：头）	1	1-15	4.81	3.57
牛（单位：头）	-	1-4	2.14	0.45
鸡（单位：头）	-	1-20	5.18	3.07
鸭（单位：只）	-	1-11	4.56	0.72
猫（单位：只）	-	1	1	0.02
狗（单位：只）	-	1	1	0.07
长度(单位：mm)				
身高	1670	1350-1710	1578.27	-
坐高	-	850-1090	984.26	-
入口门高	1710	1400-2040	1723.63	-
晒台门高	-	785-1880	1186.61	-
墙窗窗洞高	-	300-1230	565.27	-
墙窗下沿高	-	100-1300	822	-

位置图

亲属关系位置图

A04 杨岩块
A06 杨尼宝
A01 杨岩不勒
A07 杨三改
B18 杨尼块
A10 杨尼惹
A29 杨岩到
C21 杨赛到
C17 杨建国
D04 杨岩门
E03 杨三嘎
A25 杨三茸

项目	结果	范围	平均（分项）	平均（总数）
墙窗上沿高	-	1170-1950	1406.48	-
顶窗窗洞高	1400	300-1400	1031.43	-
顶窗下沿高	730	730-1500	1027.50	-
顶窗上下沿进深	1000	500-1800	1007.14	-
室内梁高	2100	1640-2550	2017.86	-
火塘上架子高	1400	1200-1650	1447.50	-
面积（单位：㎡）				
院子	239.63	96.50-159.63	235.64	235.64
住居	77.43	28.16-110.52	59.12	59.12
晾晒	9.68	6.11-106.15	43.10	40.54
种植	42.98	1.29-274.76	33.03	15.37
用水	2.72	0.38-9.80	3.02	2.90
饲养	11.73	2.20-75.17	18.92	17.98
附属	-	3.36-28.58	14.45	2.86
加建	-	4.81-50.00	23.81	2.59
前室平台	7.46	2.15-13.80	6.43	5.41
起居室	50.42	22.31-70.03	40.02	40.02
供位	2.09	0.54-3.68	1.93	1.89
内室	7.41	2.10-9.00	4.26	4.13
晒台	2.52	1.53-29.04	8.80	5.13
火塘区域	3.00	1.20-3.60	2.43	2.31
主人区域	5.46	1.79-9.00	4.81	4.66
祭祀区域	5.99	1.41-7.22	3.95	3.95
会客区域	6.64	1.88-15.63	7.11	6.90
餐厨区域	6.25	1.46-14.43	5.55	5.39
就寝区域	17.23	1.76-17.23	7.92	7.77
生水区域	3.03	0.54-6.17	2.11	1.46
储藏区域	10.82	1.12-16.86	7.11	6.89

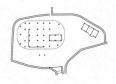

住居平面图

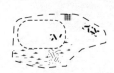

住居功能平面图

院落

住居入口

住居整体形象

住居室内

火塘

005

编号	户主姓名	家庭成员姓名及与户主的关系		
B18	杨尼块	肖安嘎	妻子	杨尼不勒 次女
		杨艾上	长子	
		杨依茸	长女	

项目	结果	范围	平均（分项）	平均（总数）
基本信息				
几代人	2	1-3	2.23	2.21
在册人口	5	1-10	4.62	4.57
常住人口	4	0-9	3.75	3.67
被测身高人性别	男	男/ 女	-	-
建造年代	1992	1983-2011	-	-
住居层数	2	1-2	-	-
屋顶样式	圆	圆/ 方	-	-
结构材料	木	木/ 砖	-	-
旱地（单位：亩）	5	0.50-8.00	2.60	1.36
水田（单位：亩）	-	4.00-17.60	8.58	4.51
竹子（单位：亩）	4	0.20-19.00	3.82	2.84
核桃（单位：亩）	-	0.80-24.00	6.88	3.27
茶叶（单位：亩）	4	1.00-25.00	3.59	2.60
杉木（单位：亩）	-	0.70-8.00	2.57	0.82
猪（单位：头）	6	1-15	4.81	3.57
牛（单位：头）	-	1-4	2.14	0.45
鸡（单位：头）	-	1-20	5.18	3.07
鸭（单位：只）	-	1-11	4.56	0.72
猫（单位：只）	-	1	1	0.02
狗（单位：只）	-	1	1	0.07
长度(单位：mm)				
身高	1570	1350-1710	1578.27	-
坐高	1000	850-1090	984.26	-
入口门高	1650	1400-2040	1723.63	-
晒台门高	950	785-1880	1186.61	-
墙窗窗洞高	-	300-1230	565.27	-
墙窗下沿高	-	100-1300	822	-

位置图

亲属关系位置图

A04 杨岩块
A06 杨尼宝
A01 杨岩不勒
A07 杨三改
B18 杨尼块
A10 杨尼惹
A29 杨岩到
C21 杨赛到
C17 杨建国
D04 杨岩门
E03 杨三嘎
A25 杨三茸

项目	结果	范围	平均（分项）	平均（总数）
墙窗上沿高	-	1170-1950	1406.48	-
顶窗窗洞高	800	300-1400	1031.43	-
顶窗下沿高	1100	730-1500	1027.50	-
顶窗上下沿进深	750	500-1800	1007.14	-
室内梁高	2000	1640-2550	2017.86	-
火塘上架子高	1570	1200-1650	1447.50	-
面积（单位：㎡）				
院子	215.24	96.50-159.63	235.64	235.64
住居	59.59	28.16-110.52	59.12	59.12
晾晒	6.11	6.11-106.15	43.10	40.54
种植	61.94	1.29-274.76	33.03	15.37
用水	6.01	0.38-9.80	3.02	2.90
饲养	22.81	2.20-75.17	18.92	17.98
附属	-	3.36-28.58	14.45	2.86
加建	-	4.81-50.00	23.81	2.59
前室平台	4.77	2.15-13.80	6.43	5.41
起居室	30.62	22.31-70.03	40.02	40.02
供位	1.45	0.54-3.68	1.93	1.89
内室	3.54	2.10-9.00	4.26	4.13
晒台	11.84	1.53-29.04	8.80	5.13
火塘区域	2.96	1.20-3.60	2.43	2.31
主人区域	5.10	1.79-9.00	4.81	4.66
祭祀区域	2.35	1.41-7.22	3.95	3.95
会客区域	9.28	1.88-15.63	7.11	6.90
餐厨区域	7.41	1.46-14.43	5.55	5.39
就寝区域	5.21	1.76-17.23	7.92	7.77
生水区域	-	0.54-6.17	2.11	1.46
储藏区域	3.10	1.12-16.86	7.11	6.89

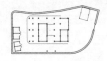

住居平面图   住居功能平面图

院落

住居入口

住居整体形象

住居室内

火塘

006

编号	户主姓名	家庭成员姓名及与户主的关系		
A10	杨尼惹			

项目	结果	范围	平均（分项）	平均（总数）
基本信息				
几代人	1	1-3	2.23	2.21
在册人口	1	1-10	4.62	4.57
常住人口	1	0-9	3.75	3.67
被测身高人性别	男	男/女	-	-
建造年代	1987	1983-2011	-	-
住居层数	2	1-2	-	-
屋顶样式	圆	圆/方	-	-
结构材料	木	木/砖	-	-
旱地（单位：亩）	-	0.50-8.00	2.60	1.36
水田（单位：亩）	-	4.00-17.60	8.58	4.51
竹子（单位：亩）	-	0.20-19.00	3.82	2.84
核桃（单位：亩）	-	0.80-24.00	6.88	3.27
茶叶（单位：亩）	-	1.00-25.00	3.59	2.60
杉木（单位：亩）	-	0.70-8.00	2.57	0.82
猪（单位：头）	-	1-15	4.81	3.57
牛（单位：头）	-	1-4	2.14	0.45
鸡（单位：头）	-	1-20	5.18	3.07
鸭（单位：只）	-	1-11	4.56	0.72
猫（单位：只）	-	1	1	0.02
狗（单位：只）	-	1	1	0.07
长度(单位：mm)				
身高	1570	1350-1710	1578.27	-
坐高	950	850-1090	984.26	-
入口门高	1620	1400-2040	1723.63	-
晒台门高	-	785-1880	1186.61	-
墙窗窗洞高	-	300-1230	565.27	-
墙窗下沿高	-	100-1300	822	-

位置图

亲属关系位置图

A04 杨岩块
A06 杨尼宝
A01 杨岩不勒
A07 杨三改
B18 杨尼块
A10 杨尼惹
A29 杨岩到
C21 杨赛到
C17 杨建国
D04 杨岩门
E03 杨三嘎
A25 杨三茸

项目	结果	范围	平均（分项）	平均（总数）
墙窗上沿高	-	1170-1950	1406.48	-
顶窗窗洞高	1210	300-1400	1031.43	-
顶窗下沿高	800	730-1500	1027.50	-
顶窗上下沿进深	950	500-1800	1007.14	-
室内梁高	1970	1640-2550	2017.86	-
火塘上架子高	1470	1200-1650	1447.50	-
面积（单位：㎡）				
院子	172.46	96.50-159.63	235.64	235.64
住居	73.94	28.16-110.52	59.12	59.12
晾晒	11.13	6.11-106.15	43.10	40.54
种植	-	1.29-274.76	33.03	15.37
用水	1.44	0.38-9.80	3.02	2.90
饲养	5.82	2.20-75.17	18.92	17.98
附属	-	3.36-28.58	14.45	2.86
加建	-	4.81-50.00	23.81	2.59
前室平台	6.57	2.15-13.80	6.43	5.41
起居室	64.44	22.31-70.03	40.02	40.02
供位	1.59	0.54-3.68	1.93	1.89
内室	4.27	2.10-9.00	4.26	4.13
晒台	-	1.53-29.04	8.80	5.13
火塘区域	2.81	1.20-3.60	2.43	2.31
主人区域	4.58	1.79-9.00	4.81	4.66
祭祀区域	5.49	1.41-7.22	3.95	3.95
会客区域	8.35	1.88-15.63	7.11	6.90
餐厨区域	5.07	1.46-14.43	5.55	5.39
就寝区域	14.01	1.76-17.23	7.92	7.77
生水区域	2.52	0.54-6.17	2.11	1.46
储藏区域	8.04	1.12-16.86	7.11	6.89

住居平面图

住居功能平面图

006

院落

住居入口

住居整体形象

住居室内

火塘

007

编号	户主姓名	家庭成员姓名及与户主的关系
A29	杨岩到	杨岩嘎　长子 不　详　儿媳 杨　红　长女

项目	结果	范围	平均（分项）	平均（总数）
基本信息				
几代人	2	1-3	2.23	2.21
在册人口	4	1-10	4.62	4.57
常住人口	3	0-9	3.75	3.67
被测身高人性别	男	男/女	-	-
建造年代	2001	1983-2011	-	-
住居层数	2	1-2	-	-
屋顶样式	-	圆/方	-	-
结构材料	木	木/砖	-	-
旱地（单位：亩）	-	0.50-8.00	2.60	1.36
水田（单位：亩）	-	4.00-17.60	8.58	4.51
竹子（单位：亩）	1	0.20-19.00	3.82	2.84
核桃（单位：亩）	-	0.80-24.00	6.88	3.27
茶叶（单位：亩）	2	1.00-25.00	3.59	2.60
杉木（单位：亩）	-	0.70-8.00	2.57	0.82
猪（单位：头）	3	1-15	4.81	3.57
牛（单位：头）		1-4	2.14	0.45
鸡（单位：头）	17	1-20	5.18	3.07
鸭（单位：只）	-	1-11	4.56	0.72
猫（单位：只）	-	1	1	0.02
狗（单位：只）	1	1	1	0.07
长度（单位：mm）				
身高	1500	1350-1710	1578.27	-
坐高	1000	850-1090	984.26	-
入口门高	1600	1400-2040	1723.63	-
晒台门高	-	785-1880	1186.61	-
墙窗窗洞高	460	300-1230	565.27	-
墙窗下沿高	700	100-1300	822	

位置图

亲属关系位置图

A04 杨岩块
A06 杨尼宝
A01 杨岩不勒
A07 杨三改
B18 杨尼块
A10 杨尼惹
A29 杨岩到
C21 杨赛到
C17 杨建国
D04 杨岩门
E03 杨三嘎
A25 杨三茸

项目	结果	范围	平均（分项）	平均（总数）
墙窗上沿高	1430	1170-1950	1406.48	-
顶窗窗洞高	-	300-1400	1031.43	
顶窗下沿高	-	730-1500	1027.50	
顶窗上下沿进深	-	500-1800	1007.14	
室内梁高	2000	1640-2550	2017.86	
火塘上架子高	1470	1200-1650	1447.50	-
面积（单位：㎡）				
院子	142.47	96.50-159.63	235.64	235.64
住居	49.24	28.16-110.52	59.12	59.12
晾晒	8.64	6.11-106.15	43.10	40.54
种植	5.40	1.29-274.76	33.03	15.37
用水	1.77	0.38-9.80	3.02	2.90
饲养	5.04	2.20-75.17	18.92	17.98
附属	-	3.36-28.58	14.45	2.86
加建	-	4.81-50.00	23.81	2.59
前室平台	2.46	2.15-13.80	6.43	5.41
起居室	41.32	22.31-70.03	40.02	40.02
供位	1.69	0.54-3.68	1.93	1.89
内室	2.92	2.10-9.00	4.26	4.13
晒台	-	1.53-29.04	8.80	5.13
火塘区域	1.75	1.20-3.60	2.43	2.31
主人区域	3.80	1.79-9.00	4.81	4.66
祭祀区域	5.50	1.41-7.22	3.95	3.95
会客区域	7.67	1.88-15.63	7.11	6.90
餐厨区域	3.79	1.46-14.43	5.55	5.39
就寝区域	6.43	1.76-17.23	7.92	7.77
生水区域	0.97	0.54-6.17	2.11	1.46
储藏区域	3.89	1.12-16.86	7.11	6.89

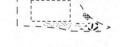

住居平面图   住居功能平面图

院落

住居入口

住居整体形象

住居室内

火塘

008

项目	结果	范围	平均（分项）	平均（总数）
基本信息				
几代人	2	1-3	2.23	2.21
在册人口	4	1-10	4.62	4.57
常住人口	4	0-9	3.75	3.67
被测身高人性别	女	男/女	-	-
建造年代	1996	1983-2011	-	-
住居层数	2	1-2	-	-
屋顶样式	圆	圆/方	-	-
结构材料	木	木/砖	-	-
旱地（单位：亩）	0.5	0.50-8.00	2.60	1.36
水田（单位：亩）	-	4.00-17.60	8.58	4.51
竹子（单位：亩）	1	0.20-19.00	3.82	2.84
核桃（单位：亩）	-	0.80-24.00	6.88	3.27
茶叶（单位：亩）	1	1.00-25.00	3.59	2.60
杉木（单位：亩）	-	0.70-8.00	2.57	0.82
猪（单位：头）	-	1-15	4.81	3.57
牛（单位：头）	-	1-4	2.14	0.45
鸡（单位：头）	-	1-20	5.18	3.07
鸭（单位：只）	-	1-11	4.56	0.72
猫（单位：只）	-	1	1	0.02
狗（单位：只）	-	1	1	0.07
长度(单位：mm)				
身高	1550	1350-1710	1578.27	-
坐高	980	850-1090	984.26	-
入口门高	1700	1400-2040	1723.63	-
晒台门高	-	785-1880	1186.61	-
墙窗窗洞高	800	300-1230	565.27	-
墙窗下沿高	1300	100-1300	822	-

位置图

亲属关系位置图

A04　杨岩块
A06　杨尼宝
A01　杨岩不勒
A07　杨三改
B18　杨尼块
A10　杨尼惹
A29　杨岩到
C21　杨赛到
C17　杨建国
D04　杨岩门
E03　杨三嘎
A25　杨三茸

项目	结果	范围	平均（分项）	平均（总数）
墙窗上沿高	-	1170-1950	1406.48	-
顶窗窗洞高		300-1400	1031.43	
顶窗下沿高		730-1500	1027.50	
顶窗上下沿进深	-	500-1800	1007.14	
室内梁高	1950	1640-2550	2017.86	
火塘上架子高	1450	1200-1650	1447.50	
面积（单位：㎡）				
院子	452.23	96.50-159.63	235.64	235.64
住居	38.22	28.16-110.52	59.12	59.12
晾晒	94.56	6.11-106.15	43.10	40.54
种植	189.94	1.29-274.76	33.03	15.37
用水	9.80	0.38-9.80	3.02	2.90
饲养	10.50	2.20-75.17	18.92	17.98
附属	-	3.36-28.58	14.45	2.86
加建	-	4.81-50.00	23.81	2.59
前室平台	6.00	2.15-13.80	6.43	5.41
起居室	29.85	22.31-70.03	40.02	40.02
供位	1.03	0.54-3.68	1.93	1.89
内室	4.45	2.10-9.00	4.26	4.13
晒台	-	1.53-29.04	8.80	5.13
火塘区域	2.25	1.20-3.60	2.43	2.31
主人区域	3.68	1.79-9.00	4.81	4.66
祭祀区域	1.41	1.41-7.22	3.95	3.95
会客区域	3.26	1.88-15.63	7.11	6.90
餐厨区域	4.88	1.46-14.43	5.55	5.39
就寝区域	5.37	1.76-17.23	7.92	7.77
生水区域	1.93	0.54-6.17	2.11	1.46
储藏区域	5.44	1.12-16.86	7.11	6.89

住居平面图　　　　　　　　　　　　　　　住居功能平面图

008

院落

住居入口

住居室内　　　　　　　　　火塘

009

<table>
<tr><th>编号</th><th>户主姓名</th><th colspan="6">家庭成员姓名及与户主的关系</th></tr>
<tr><td rowspan="3">C17</td><td rowspan="3">杨建国</td><td>杨岩那</td><td>父亲</td><td>杨叶那</td><td>长女</td><td>杨俄那</td><td>弟弟</td></tr>
<tr><td>肖依不勒</td><td>母亲</td><td>杨依块</td><td>次女</td><td>李江花</td><td>弟媳</td></tr>
<tr><td>王欧到</td><td>妻子</td><td>杨岩老</td><td>三女</td><td>杨叶惹</td><td>侄女</td></tr>
</table>

项目	结果	范围	平均（分项）	平均（总数）
基本信息				
几代人	3	1-3	2.23	2.21
在册人口	10	1-10	4.62	4.57
常住人口	4	0-9	3.75	3.67
被测身高人性别	男	男／女	-	
建造年代	2000	1983-2011	-	
住居层数	2	1-2	-	
屋顶样式	-	圆／方	-	
结构材料	木	木／砖	-	
旱地（单位：亩）	-	0.50-8.00	2.60	1.36
水田（单位：亩）	-	4.00-17.60	8.58	4.51
竹子（单位：亩）	5	0.20-19.00	3.82	2.84
核桃（单位：亩）	-	0.80-24.00	6.88	3.27
茶叶（单位：亩）	6	1.00-25.00	3.59	2.60
杉木（单位：亩）	-	0.70-8.00	2.57	0.82
猪（单位：头）	4	1-15	4.81	3.57
牛（单位：头）	-	1-4	2.14	0.45
鸡（单位：头）	3	1-20	5.18	3.07
鸭（单位：只）		1-11	4.56	0.72
猫（单位：只）		1	1	0.02
狗（单位：只）	-	1	1	0.07
长度（单位：mm）				
身高	1600	1350-1710	1578.27	-
坐高	1000	850-1090	984.26	-
入口门高	1800	1400-2040	1723.63	-
晒台门高	1300	785-1880	1186.61	-
墙窗窗洞高	500	300-1230	565.27	-
墙窗下沿高	800	100-1300	822	-

位置图

亲属关系位置图

A04 杨岩块
A06 杨尼宝
A01 杨岩不勒
A07 杨三改
B18 杨尼块
A10 杨尼惹
A29 杨岩到
C21 杨赛到
C17 杨建国
D04 杨岩门
E03 杨三嘎
A25 杨三茸

项目	结果	范围	平均（分项）	平均（总数）
墙窗上沿高	1600	1170-1950	1406.48	-
顶窗窗洞高	-	300-1400	1031.43	-
顶窗下沿高	-	730-1500	1027.50	-
顶窗上下沿进深	-	500-1800	1007.14	-
室内梁高	2050	1640-2550	2017.86	-
火塘上架子高	1600	1200-1650	1447.50	-
面积（单位：㎡）				
院子	278.63	96.50-159.63	235.64	235.64
住居	96.95	28.16-110.52	59.12	59.12
晾晒	62.16	6.11-106.15	43.10	40.54
种植	-	1.29-274.76	33.03	15.37
用水	2.10	0.38-9.80	3.02	2.90
饲养	41.13	2.20-75.17	18.92	17.98
附属	-	3.36-28.58	14.45	2.86
加建	-	4.81-50.00	23.81	2.59
前室平台	12.26	2.15-13.80	6.43	5.41
起居室	39.91	22.31-70.03	40.02	40.02
供位	3.61	0.54-3.68	1.93	1.89
内室	5.70	2.10-9.00	4.26	4.13
晒台	19.13	1.53-29.04	8.80	5.13
火塘区域	3.40	1.20-3.60	2.43	2.31
主人区域	7.56	1.79-9.00	4.81	4.66
祭祀区域	3.73	1.41-7.22	3.95	3.95
会客区域	12.47	1.88-15.63	7.11	6.90
餐厨区域	10.94	1.46-14.43	5.55	5.39
就寝区域	8.19	1.76-17.23	7.92	7.77
生水区域	-	0.54-6.17	2.11	1.46
储藏区域	16.86	1.12-16.86	7.11	6.89

住居平面图

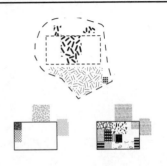

住居功能平面图

009

院落　　　　　　　　　　　住居入口

ny iex jao yaong
寨主家
Heo dmons house

住居整体形象

住居室内

火塘

010

项目	结果	范围	平均（分项）	平均（总数）
基本信息				
几代人	3	1-3	2.23	2.21
在册人口	5	1-10	4.62	4.57
常住人口	4	0-9	3.75	3.67
被测身高人性别	男	男/女	-	
建造年代	2007	1983-2011	-	
住居层数	2	1-2	-	
屋顶样式	-	圆/方	-	-
结构材料	木	木/砖	-	-
旱地（单位：亩）	4	0.50-8.00	2.60	1.36
水田（单位：亩）	-	4.00-17.60	8.58	4.51
竹子（单位：亩）	0.5	0.20-19.00	3.82	2.84
核桃（单位：亩）	-	0.80-24.00	6.88	3.27
茶叶（单位：亩）	3	1.00-25.00	3.59	2.60
杉木（单位：亩）	-	0.70-8.00	2.57	0.82
猪（单位：头）	7	1-15	4.81	3.57
牛（单位：头）	-	1-4	2.14	0.45
鸡（单位：头）	6	1-20	5.18	3.07
鸭（单位：只）	9	1-11	4.56	0.72
猫（单位：只）	-	1	1	0.02
狗（单位：只）	1	1	1	0.07
长度(单位：mm)				
身高	1490	1350-1710	1578.27	-
坐高	1000	850-1090	984.26	-
入口门高	1800	1400-2040	1723.63	-
晒台门高	1350	785-1880	1186.61	-
墙窗窗洞高	400	300-1230	565.27	-
墙窗下沿高	700	100-1300	822	-

位置图

亲属关系位置图

A04 杨岩块
A06 杨尼宝
A01 杨岩不勒
A07 杨三改
B18 杨尼块
A10 杨尼惹
A29 杨岩到
C21 杨赛到
C17 杨建国
D04 杨岩门
E03 杨三嘎
A25 杨三茸

项目	结果	范围	平均（分项）	平均（总数）
墙窗上沿高	1270	1170-1950	1406.48	-
顶窗窗洞高	-	300-1400	1031.43	-
顶窗下沿高	-	730-1500	1027.50	-
顶窗上下沿进深	-	500-1800	1007.14	-
室内梁高	2100	1640-2550	2017.86	-
火塘上架子高	1620	1200-1650	1447.50	-
面积（单位：㎡）				
院子	253.45	96.50-159.63	235.64	235.64
住居	68.15	28.16-110.52	59.12	59.12
晾晒	32.66	6.11-106.15	43.10	40.54
种植	31.04	1.29-274.76	33.03	15.37
用水	2.97	0.38-9.80	3.02	2.90
饲养	23.24	2.20-75.17	18.92	17.98
附属	-	3.36-28.58	14.45	2.86
加建	-	4.81-50.00	23.81	2.59
前室平台	9.38	2.15-13.80	6.43	5.41
起居室	34.94	22.31-70.03	40.02	40.02
供位	2.48	0.54-3.68	1.93	1.89
内室	2.84	2.10-9.00	4.26	4.13
晒台	-	1.53-29.04	8.80	5.13
火塘区域	2.75	1.20-3.60	2.43	2.31
主人区域	3.61	1.79-9.00	4.81	4.66
祭祀区域	3.58	1.41-7.22	3.95	3.95
会客区域	5.98	1.88-15.63	7.11	6.90
餐厨区域	5.20	1.46-14.43	5.55	5.39
就寝区域	2.25	1.76-17.23	7.92	7.77
生水区域	-	0.54-6.17	2.11	1.46
储藏区域	8.86	1.12-16.86	7.11	6.89

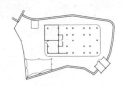

住居平面图   住居功能平面图

010

院落

住居入口

住居整体形象

住居室内

火塘

011	编号	户主姓名	家庭成员姓名及与户主的关系		
	E03	杨三嘎	肖叶块　妻子 杨叶张　长女 杨依块　次女		

项目	结果	范围	平均（分项）	平均（总数）
基本信息				
几代人	2	1-3	2.23	2.21
在册人口	4	1-10	4.62	4.57
常住人口	4	0-9	3.75	3.67
被测身高人性别	男	男 / 女	-	-
建造年代	2005	1983-2011	-	-
住居层数	1	1-2	-	-
屋顶样式	-	圆 / 方	-	-
结构材料	木	木 / 砖	-	-
旱地（单位：亩）	2	0.50-8.00	2.60	1.36
水田（单位：亩）	-	4.00-17.60	8.58	4.51
竹子（单位：亩）	2	0.20-19.00	3.82	2.84
核桃（单位：亩）	-	0.80-24.00	6.88	3.27
茶叶（单位：亩）	2	1.00-25.00	3.59	2.60
杉木（单位：亩）	-	0.70-8.00	2.57	0.82
猪（单位：头）	5	1-15	4.81	3.57
牛（单位：头）	-	1-4	2.14	0.45
鸡（单位：头）	5	1-20	5.18	3.07
鸭（单位：只）	-	1-11	4.56	0.72
猫（单位：只）	-	1	1	0.02
狗（单位：只）	-	1	1	0.07
长度（单位：mm）				
身高	1650	1350-1710	1578.27	-
坐高	1050	850-1090	984.26	-
入口门高	1850	1400-2040	1723.63	-
晒台门高	-	785-1880	1186.61	-
墙窗窗洞高	-	300-1230	565.27	-
墙窗下沿高	-	100-1300	822	-

位置图

亲属关系位置图

A04 杨岩块
A06 杨尼宝
A01 杨岩不勒
A07 杨三改
B18 杨尼块
A10 杨尼惹
A29 杨岩到
C21 杨赛到
C17 杨建国
D04 杨岩门
E03 杨三嘎
A25 杨三茸

项目	结果	范围	平均（分项）	平均（总数）
墙窗上沿高	1370	1170-1950	1406.48	-
顶窗窗洞高	-	300-1400	1031.43	-
顶窗下沿高	-	730-1500	1027.50	-
顶窗上下沿进深	-	500-1800	1007.14	-
室内梁高	2000	1640-2550	2017.86	-
火塘上架子高	1610	1200-1650	1447.50	-
面积（单位：㎡）				
院子	223.34	96.50-159.63	235.64	235.64
住居	35.57	28.16-110.52	59.12	59.12
晾晒	16.30	6.11-106.15	43.10	40.54
种植	-	1.29-274.76	33.03	15.37
用水	3.60	0.38-9.80	3.02	2.90
饲养	8.93	2.20-75.17	18.92	17.98
附属	21.18	3.36-28.58	14.45	2.86
加建	-	4.81-50.00	23.81	2.59
前室平台	-	2.15-13.80	6.43	5.41
起居室	30.04	22.31-70.03	40.02	40.02
供位	1.44	0.54-3.68	1.93	1.89
内室	3.60	2.10-9.00	4.26	4.13
晒台	-	1.53-29.04	8.80	5.13
火塘区域	1.56	1.20-3.60	2.43	2.31
主人区域	4.02	1.79-9.00	4.81	4.66
祭祀区域	3.17	1.41-7.22	3.95	3.95
会客区域	4.57	1.88-15.63	7.11	6.90
餐厨区域	4.49	1.46-14.43	5.55	5.39
就寝区域	4.79	1.76-17.23	7.92	7.77
生水区域	-	0.54-6.17	2.11	1.46
储藏区域	2.56	1.12-16.86	7.11	6.89

住居平面图

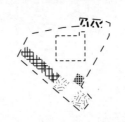

住居功能平面图

011

院落

住居入口

住居整体形象

住居室内

火塘

编号	户主姓名	家庭成员姓名及与户主的关系				
A25	杨三茸	李依茸	妻子	杨新国	弟弟	杨三森绕 侄子
		杨尼保	父亲	赵欧那	弟媳	杨尼块 次子
		肖叶那	母亲	杨艾少	长子	

项目	结果	范围	平均（分项）	平均（总数）
基本信息				
几代人	3	1-3	2.23	2.21
在册人口	9	1-10	4.62	4.57
常住人口	9	0-9	3.75	3.67
被测身高人性别	男	男/ 女	-	-
建造年代	1998	1983-2011	-	-
住居层数	2	1-2	-	-
屋顶样式	-	圆/ 方	-	-
结构材料	木	木/ 砖	-	-
旱地（单位：亩）	1	0.50-8.00	2.60	1.36
水田（单位：亩）	-	4.00-17.60	8.58	4.51
竹子（单位：亩）	2	0.20-19.00	3.82	2.84
核桃（单位：亩）	-	0.80-24.00	6.88	3.27
茶叶（单位：亩）	15	1.00-25.00	3.59	2.60
杉木（单位：亩）	-	0.70-8.00	2.57	0.82
猪（单位：头）	4	1-15	4.81	3.57
牛（单位：头）	-	1-4	2.14	0.45
鸡（单位：头）	4	1-20	5.18	3.07
鸭（单位：只）	2	1-11	4.56	0.72
猫（单位：只）	1	1	1	0.02
狗（单位：只）	-	1	1	0.07
长度(单位：mm)				
身高	1580	1350-1710	1578.27	-
坐高	-	850-1090	984.26	-
入口门高	1680	1400-2040	1723.63	-
晒台门高	1400	785-1880	1186.61	-
墙窗窗洞高	600	300-1230	565.27	-
墙窗下沿高	800	100-1300	822	-

位置图

亲属关系位置图

A04 杨岩块
A06 杨尼宝
A01 杨岩不勒
A07 杨三改
B18 杨尼块
A10 杨尼惹
A29 杨岩到
C21 杨赛到
C17 杨建国
D04 杨岩门
E03 杨三嘎
A25 杨三茸

项目	结果	范围	平均（分项）	平均（总数）
墙窗上沿高	1480	1170-1950	1406.48	-
顶窗窗洞高	-	300-1400	1031.43	-
顶窗下沿高	-	730-1500	1027.50	-
顶窗上下沿进深	-	500-1800	1007.14	-
室内梁高	2000	1640-2550	2017.86	-
火塘上架子高	1620	1200-1650	1447.50	-
面积（单位：㎡）				
院子	188.75	96.50-159.63	235.64	235.64
住居	65.19	28.16-110.52	59.12	59.12
晾晒	33.30	6.11-106.15	43.10	40.54
种植	-	1.29-274.76	33.03	15.37
用水	4.78	0.38-9.80	3.02	2.90
饲养	18.72	2.20-75.17	18.92	17.98
附属	-	3.36-28.58	14.45	2.86
加建	-	4.81-50.00	23.81	2.59
前室平台	4.53	2.15-13.80	6.43	5.41
起居室	33.07	22.31-70.03	40.02	40.02
供位	1.72	0.54-3.68	1.93	1.89
内室	6.21	2.10-9.00	4.26	4.13
晒台	8.58	1.53-29.04	8.80	5.13
火塘区域	1.82	1.20-3.60	2.43	2.31
主人区域	7.63	1.79-9.00	4.81	4.66
祭祀区域	4.06	1.41-7.22	3.95	3.95
会客区域	8.28	1.88-15.63	7.11	6.90
餐厨区域	5.08	1.46-14.43	5.55	5.39
就寝区域	7.68	1.76-17.23	7.92	7.77
生水区域	1.56	0.54-6.17	2.11	1.46
储藏区域	6.78	1.12-16.86	7.11	6.89

住居平面图   住居功能平面图

012

住居入口

住居整体形象

住居室内

火塘

013

编号	户主姓名	家庭成员姓名及与户主的关系
C02	杨岩门	李依门 妻子 杨依到 长女 杨三木到 长子 杨岩上 次子

项目	结果	范围	平均（分项）	平均（总数）
基本信息				
几代人	2	1-3	2.23	2.21
在册人口	5	1-10	4.62	4.57
常住人口	4	0-9	3.75	3.67
被测身高人性别	男	男/女	-	-
建造年代	2002	1983-2011	-	-
住居层数	2	1-2	-	-
屋顶样式	-	圆/方	-	-
结构材料	木	木/砖	-	-
旱地（单位：亩）	2	0.50-8.00	2.60	1.36
水田（单位：亩）	8.3	4.00-17.60	8.58	4.51
竹子（单位：亩）	3	0.20-19.00	3.82	2.84
核桃（单位：亩）	5.9	0.80-24.00	6.88	3.27
茶叶（单位：亩）	2	1.00-25.00	3.59	2.60
杉木（单位：亩）	1	0.70-8.00	2.57	0.82
猪（单位：头）	4	1-15	4.81	3.57
牛（单位：头）	1	1-4	2.14	0.45
鸡（单位：头）	5	1-20	5.18	3.07
鸭（单位：只）	-	1-11	4.56	0.72
猫（单位：只）	-	1	1	0.02
狗（单位：只）	-	1	1	0.07
长度（单位：mm）				
身高	1500	1350-1710	1578.27	-
坐高	1020	850-1090	984.26	-
入口门高	1700	1400-2040	1723.63	-
晒台门高	1250	785-1880	1186.61	-
墙窗窗洞高	400	300-1230	565.27	-
墙窗下沿高	900	100-1300	822	-

位置图

亲属关系位置图

C02 杨岩门
C07 杨俄嘎
C05 杨尼伞
C03 杨岩嘎
A17 杨尼搞
C38 杨三到
C25 杨岩那
A14 杨赛茸
C01 杨岩嘎

项目	结果	范围	平均（分项）	平均（总数）
墙窗上沿高	1420	1170-1950	1406.48	-
顶窗窗洞高	-	300-1400	1031.43	-
顶窗下沿高	-	730-1500	1027.50	-
顶窗上下沿进深	-	500-1800	1007.14	-
室内梁高	1910	1640-2550	2017.86	-
火塘上架子高	1500	1200-1650	1447.50	-
面积（单位：㎡）				
院子	291.99	96.50-159.63	235.64	235.64
住居	66.64	28.16-110.52	59.12	59.12
晾晒	105.55	6.11-106.15	43.10	40.54
种植	-	1.29-274.76	33.03	15.37
用水	1.87	0.38-9.80	3.02	2.90
饲养	36.10	2.20-75.17	18.92	17.98
附属	-	3.36-28.58	14.45	2.86
加建	-	4.81-50.00	23.81	2.59
前室平台	10.19	2.15-13.80	6.43	5.41
起居室	25.47	22.31-70.03	40.02	40.02
供位	2.25	0.54-3.68	1.93	1.89
内室	4.35	2.10-9.00	4.26	4.13
晒台	10.85	1.53-29.04	8.80	5.13
火塘区域	2.25	1.20-3.60	2.43	2.31
主人区域	4.83	1.79-9.00	4.81	4.66
祭祀区域	3.24	1.41-7.22	3.95	3.95
会客区域	11.36	1.88-15.63	7.11	6.90
餐厨区域	5.92	1.46-14.43	5.55	5.39
就寝区域	5.31	1.76-17.23	7.92	7.77
生水区域	3.00	0.54-6.17	2.11	1.46
储藏区域	6.37	1.12-16.86	7.11	6.89

住居平面图

住居功能平面图

013

院落

住屋入口

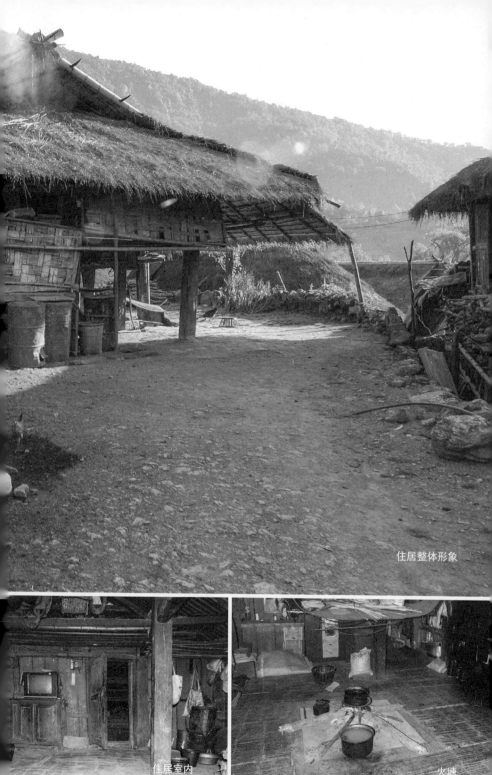

住居整体形象

住居室内

火塘

014

不　详　　妻子			
不　详　　女儿			

项目	结果	范围	平均（分项）	平均（总数）
基本信息				
几代人	2	1-3	2.23	2.21
在册人口	3	1-10	4.62	4.57
常住人口	1	0-9	3.75	3.67
被测身高人性别	女	男/女	-	
建造年代	2004	1983-2011	-	
住居层数	2	1-2	-	
屋顶样式	-	圆/方	-	
结构材料	木	木/砖	-	
旱地（单位：亩）	-	0.50-8.00	2.60	1.36
水田（单位：亩）	-	4.00-17.60	8.58	4.51
竹子（单位：亩）	-	0.20-19.00	3.82	2.84
核桃（单位：亩）	-	0.80-24.00	6.88	3.27
茶叶（单位：亩）	-	1.00-25.00	3.59	2.60
杉木（单位：亩）	-	0.70-8.00	2.57	0.82
猪（单位：头）	3	1-15	4.81	3.57
牛（单位：头）	2	1-4	2.14	0.45
鸡（单位：头）	-	1-20	5.18	3.07
鸭（单位：只）	-	1-11	4.56	0.72
猫（单位：只）	-	1	1	0.02
狗（单位：只）	-	1	1	0.07
长度(单位：mm)				
身高	1670	1350-1710	1578.27	-
坐高	920	850-1090	984.26	
入口门高	1650	1400-2040	1723.63	
晒台门高	1300	785-1880	1186.61	
墙窗窗洞高	470	300-1230	565.27	
墙窗下沿高	800	100-1300	822	

位置图

亲属关系位置图

C02 杨岩门
C07 杨俄嘎
C05 杨尼伞
C03 杨岩嘎
A17 杨尼搞
C38 杨三到
C25 杨岩那
A14 杨赛茸
C01 杨岩噶

项目	结果	范围	平均（分项）	平均（总数）
墙窗上沿高	1400	1170-1950	1406.48	-
顶窗窗洞高	-	300-1400	1031.43	-
顶窗下沿高	-	730-1500	1027.50	-
顶窗上下沿进深	-	500-1800	1007.14	-
室内梁高	2000	1640-2550	2017.86	-
火塘上架子高	1500	1200-1650	1447.50	-
面积（单位：㎡）				
院子	201.04	96.50-159.63	235.64	235.64
住居	56.18	28.16-110.52	59.12	59.12
晾晒	-	6.11-106.15	43.10	40.54
种植	61.26	1.29-274.76	33.03	15.37
用水	2.70	0.38-9.80	3.02	2.90
饲养	12.24	2.20-75.17	18.92	17.98
附属	-	3.36-28.58	14.45	2.86
加建	-	4.81-50.00	23.81	2.59
前室平台	5.75	2.15-13.80	6.43	5.41
起居室	40.73	22.31-70.03	40.02	40.02
供位	1.95	0.54-3.68	1.93	1.89
内室	3.60	2.10-9.00	4.26	4.13
晒台	7.92	1.53-29.04	8.80	5.13
火塘区域	2.45	1.20-3.60	2.43	2.31
主人区域	4.09	1.79-9.00	4.81	4.66
祭祀区域	4.00	1.41-7.22	3.95	3.95
会客区域	6.28	1.88-15.63	7.11	6.90
餐厨区域	5.30	1.46-14.43	5.55	5.39
就寝区域	6.74	1.76-17.23	7.92	7.77
生水区域	1.95	0.54-6.17	2.11	1.46
储藏区域	9.11	1.12-16.86	7.11	6.89

住居平面图

住居功能平面图

014

院落　　　　　　　　　住居入口

住居整体形象

住居室内

火塘

015

项目	结果	范围	平均（分项）	平均（总数）
基本信息				
几代人	2	1-3	2.23	2.21
在册人口	2	1-10	4.62	4.57
常住人口	1	0-9	3.75	3.67
被测身高人性别	女	男/ 女	-	-
建造年代	1990	1983-2011	-	-
住居层数	2	1-2	-	-
屋顶样式	圆	圆/ 方	-	-
结构材料	木	木/ 砖	-	-
旱地（单位：亩）	1	0.50-8.00	2.60	1.36
水田（单位：亩）	5	4.00-17.60	8.58	4.51
竹子（单位：亩）	1	0.20-19.00	3.82	2.84
核桃（单位：亩）	-	0.80-24.00	6.88	3.27
茶叶（单位：亩）	1	1.00-25.00	3.59	2.60
杉木（单位：亩）	-	0.70-8.00	2.57	0.82
猪（单位：头）	-	1-15	4.81	3.57
牛（单位：头）	-	1-4	2.14	0.45
鸡（单位：头）	-	1-20	5.18	3.07
鸭（单位：只）	-	1-11	4.56	0.72
猫（单位：只）	-	1	1	0.02
狗（单位：只）	-	1	1	0.07
长度(单位：mm)				
身高	1470	1350-1710	1578.27	-
坐高	950	850-1090	984.26	-
入口门高	1550	1400-2040	1723.63	-
晒台门高	-	785-1880	1186.61	-
墙窗窗洞高	-	300-1230	565.27	-
墙窗下沿高	-	100-1300	822	-

位置图

亲属关系位置图

C02 杨岩门
C07 杨俄嘎
C05 杨尼伞
C03 杨岩嘎
A17 杨尼搞
C38 杨三到
C25 杨岩那
A14 杨赛茸
C01 杨岩噶

项目	结果	范围	平均（分项）	平均（总数）
墙窗上沿高	-	1170-1950	1406.48	-
顶窗窗洞高	1050	300-1400	1031.43	-
顶窗下沿高	830	730-1500	1027.50	-
顶窗上下沿进深	1800	500-1800	1007.14	-
室内梁高	1640	1640-2550	2017.86	-
火塘上架子高	1370	1200-1650	1447.50	-
面积（单位：㎡）				
院子	156.07	96.50-159.63	235.64	235.64
住居	49.92	28.16-110.52	59.12	59.12
晾晒	21.07	6.11-106.15	43.10	40.54
种植	29.06	1.29-274.76	33.03	15.37
用水	0.92	0.38-9.80	3.02	2.90
饲养	5.40	2.20-75.17	18.92	17.98
附属	-	3.36-28.58	14.45	2.86
加建	-	4.81-50.00	23.81	2.59
前室平台	6.35	2.15-13.80	6.43	5.41
起居室	38.25	22.31-70.03	40.02	40.02
供位	3.03	0.54-3.68	1.93	1.89
内室	5.74	2.10-9.00	4.26	4.13
晒台	-	1.53-29.04	8.80	5.13
火塘区域	2.70	1.20-3.60	2.43	2.31
主人区域	3.84	1.79-9.00	4.81	4.66
祭祀区域	5.71	1.41-7.22	3.95	3.95
会客区域	7.22	1.88-15.63	7.11	6.90
餐厨区域	4.44	1.46-14.43	5.55	5.39
就寝区域	7.13	1.76-17.23	7.92	7.77
生水区域	0.88	0.54-6.17	2.11	1.46
储藏区域	12.01	1.12-16.86	7.11	6.89

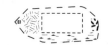

住居平面图   住居功能平面图

院落

住居入口

住居整体形象

住居室内

火塘

编号	户主姓名	家庭成员姓名及与户主的关系			
C03	杨岩嘎	不 详	母亲	不 详	女儿
		不 详	妻子		
		不 详	儿子		

项目	结果	范围	平均（分项）	平均（总数）
基本信息				
几代人	2	1-3	2.23	2.21
在册人口	4	1-10	4.62	4.57
常住人口	4	0-9	3.75	3.67
被测身高人性别	男	男/女	-	-
建造年代	1998	1983-2011	-	-
住居层数	2	1-2	-	-
屋顶样式	-	圆/方	-	-
结构材料	木	木/砖	-	-
旱地（单位：亩）	-	0.50-8.00	2.60	1.36
水田（单位：亩）	-	4.00-17.60	8.58	4.51
竹子（单位：亩）	-	0.20-19.00	3.82	2.84
核桃（单位：亩）	-	0.80-24.00	6.88	3.27
茶叶（单位：亩）	-	1.00-25.00	3.59	2.60
杉木（单位：亩）	-	0.70-8.00	2.57	0.82
猪（单位：头）	-	1-15	4.81	3.57
牛（单位：头）	-	1-4	2.14	0.45
鸡（单位：头）	-	1-20	5.18	3.07
鸭（单位：只）	-	1-11	4.56	0.72
猫（单位：只）	-	1	1	0.02
狗（单位：只）	-	1	1	0.07
长度（单位：mm）				
身高	1570	1350-1710	1578.27	-
坐高	1000	850-1090	984.26	-
入口门高	1900	1400-2040	1723.63	-
晒台门高	-	785-1880	1186.61	-
墙窗窗洞高	600	300-1230	565.27	-
墙窗下沿高	1000	100-1300	822	-

位置图

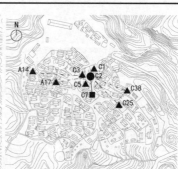

亲属关系位置图

C02 杨岩门
C07 杨俄嘎
C05 杨尼伞
C03 杨岩嘎
A17 杨尼搞
C38 杨三到
C25 杨岩那
A14 杨赛茸
C01 杨岩嘻

项目	结果	范围	平均（分项）	平均（总数）
墙窗上沿高	-	1170-1950	1406.48	-
顶窗窗洞高	-	300-1400	1031.43	-
顶窗下沿高	-	730-1500	1027.50	-
顶窗上下沿进深	-	500-1800	1007.14	-
室内梁高	2000	1640-2550	2017.86	-
火塘上架子高	1600	1200-1650	1447.50	-
面积（单位：㎡）				
院子	171.69	96.50-159.63	235.64	235.64
住居	59.89	28.16-110.52	59.12	59.12
晾晒	9.26	6.11-106.15	43.10	40.54
种植	-	1.29-274.76	33.03	15.37
用水	1.94	0.38-9.80	3.02	2.90
饲养	2.73	2.20-75.17	18.92	17.98
附属	25.21	3.36-28.58	14.45	2.86
加建	23.75	4.81-50.00	23.81	2.59
前室平台	2.15	2.15-13.80	6.43	5.41
起居室	32.72	22.31-70.03	40.02	40.02
供位	1.76	0.54-3.68	1.93	1.89
内室	5.28	2.10-9.00	4.26	4.13
晒台	-	1.53-29.04	8.80	5.13
火塘区域	2.90	1.20-3.60	2.43	2.31
主人区域	7.01	1.79-9.00	4.81	4.66
祭祀区域	3.24	1.41-7.22	3.95	3.95
会客区域	5.72	1.88-15.63	7.11	6.90
餐厨区域	3.75	1.46-14.43	5.55	5.39
就寝区域	9.57	1.76-17.23	7.92	7.77
生水区域	-	0.54-6.17	2.11	1.46
储藏区域	10.51	1.12-16.86	7.11	6.89

住居平面图   住居功能平面图

016

院落

住居入口

住居整体形象

住居室内

火塘

017

项目	结果	范围	平均（分项）	平均（总数）
基本信息				
几代人	1	1-3	2.23	2.21
在册人口	2	1-10	4.62	4.57
常住人口	2	0-9	3.75	3.67
被测身高人性别	男	男/女	-	-
建造年代	1995	1983-2011	-	-
住居层数	2	1-2	-	-
屋顶样式	-	圆/方	-	-
结构材料	木	木/砖	-	-
旱地（单位：亩）	-	0.50-8.00	2.60	1.36
水田（单位：亩）	-	4.00-17.60	8.58	4.51
竹子（单位：亩）	-	0.20-19.00	3.82	2.84
核桃（单位：亩）	-	0.80-24.00	6.88	3.27
茶叶（单位：亩）	-	1.00-25.00	3.59	2.60
杉木（单位：亩）	-	0.70-8.00	2.57	0.82
猪（单位：头）	7	1-15	4.81	3.57
牛（单位：头）	-	1-4	2.14	0.45
鸡（单位：头）	4	1-20	5.18	3.07
鸭（单位：只）	-	1-11	4.56	0.72
猫（单位：只）	-	1	1	0.02
狗（单位：只）	-	1	1	0.07
长度(单位：mm)				
身高	1600	1350-1710	1578.27	-
坐高	980	850-1090	984.26	-
入口门高	1640	1400-2040	1723.63	-
晒台门高	1100	785-1880	1186.61	-
墙窗窗洞高	-	300-1230	565.27	-
墙窗下沿高	-	100-1300	822	-

位置图

C02 杨岩门
C07 杨俄嘎
C05 杨尼伞
C03 杨岩嘎
A17 杨尼搞
C38 杨三到
C25 杨岩那
A14 杨赛茸
C01 杨岩嘎

亲属关系位置图

项目	结果	范围	平均（分项）	平均（总数）
墙窗上沿高	-	1170-1950	1406.48	-
顶窗窗洞高	300	300-1400	1031.43	-
顶窗下沿高	1420	730-1500	1027.50	-
顶窗上下沿进深	500	500-1800	1007.14	-
室内梁高	1960	1640-2550	2017.86	-
火塘上架子高	1470	1200-1650	1447.50	-
面积（单位：㎡）				
院子	121.79	96.50-159.63	235.64	235.64
住居	49.95	28.16-110.52	59.12	59.12
晾晒	17.83	6.11-106.15	43.10	40.54
种植	-	1.29-274.76	33.03	15.37
用水	2.22	0.38-9.80	3.02	2.90
饲养	19.59	2.20 75.17	18.92	17.98
附属	-	3.36-28.58	14.45	2.86
加建	-	4.81-50.00	23.81	2.59
前室平台	5.33	2.15-13.80	6.43	5.41
起居室	30.56	22.31-70.03	40.02	40.02
供位	1.61	0.54-3.68	1.93	1.89
内室	2.76	2.10-9.00	4.26	4.13
晒台	-	1.53-29.04	8.80	5.13
火塘区域	1.47	1.20-3.60	2.43	2.31
主人区域	3.36	1.79-9.00	4.81	4.66
祭祀区域	3.29	1.41-7.22	3.95	3.95
会客区域	7.37	1.88-15.63	7.11	6.90
餐厨区域	6.51	1.46-14.43	5.55	5.39
就寝区域	2.76	1.76-17.23	7.92	7.77
生水区域	-	0.54-6.17	2.11	1.46
储藏区域	7.51	1.12-16.86	7.11	6.89

住居平面图

住居功能平面图

017

消火栓
消火栓箱

顺丰 农机
15788330888

院落　　　　　　　　　　　住居入口

住居整体形象

住居室内

火塘

编号	户主姓名	家庭成员姓名及与户主的关系		
C38	杨三到	不　详　妻子		
		不　详　孙子		

项目	结果	范围	平均（分项）	平均（总数）
基本信息				
几代人	2	1-3	2.23	2.21
在册人口	3	1-10	4.62	4.57
常住人口	3	0-9	3.75	3.67
被测身高人性别	男	男/ 女	-	-
建造年代	2011	1983-2011	-	-
住居层数	1	1-2	-	-
屋顶样式	-	圆/ 方	-	-
结构材料	木	木/ 砖	-	-
旱地（单位：亩）	-	0.50-8.00	2.60	1.36
水田（单位：亩）	-	4.00-17.60	8.58	4.51
竹子（单位：亩）	-	0.20-19.00	3.82	2.84
核桃（单位：亩）	-	0.80-24.00	6.88	3.27
茶叶（单位：亩）	-	1.00-25.00	3.59	2.60
杉木（单位：亩）	-	0.70-8.00	2.57	0.82
猪（单位：头）	3	1-15	4.81	3.57
牛（单位：头）	-	1-4	2.14	0.45
鸡（单位：头）	-	1-20	5.18	3.07
鸭（单位：只）	-	1-11	4.56	0.72
猫（单位：只）	-	1	1	0.02
狗（单位：只）	-	1	1	0.07
长度(单位：mm)				
身高	1710	1350-1710	1578.27	-
坐高	1000	850-1090	984.26	-
入口门高	1900	1400-2040	1723.63	-
晒台门高	-	785-1880	1186.61	-
墙窗窗洞高	600	300-1230	565.27	-
墙窗下沿高	1300	100-1300	822	-

位置图

亲属关系位置图

C02 杨岩门
C07 杨俄嘎
C05 杨尼伞
C03 杨岩嘎
A17 杨尼搞
C38 杨三到
C25 杨岩那
A14 杨赛茸
C01 杨岩嘎

项目	结果	范围	平均（分项）	平均（总数）
墙窗上沿高	-	1170-1950	1406.48	-
顶窗窗洞高	-	300-1400	1031.43	-
顶窗下沿高	-	730-1500	1027.50	-
顶窗上下沿进深	-	500-1800	1007.14	-
室内梁高	2000	1640-2550	2017.86	-
火塘上架子高	1500	1200-1650	1447.50	-
面积（单位：㎡）				
院子	96.50	96.50-159.63	235.64	235.64
住居	30.26	28.16-110.52	59.12	59.12
晾晒	20.23	6.11-106.15	43.10	40.54
种植	1.63	1.29-274.76	33.03	15.37
用水	3.17	0.38-9.80	3.02	2.90
饲养	2.20	2.20-75.17	18.92	17.98
附属	9.37	3.36-28.58	14.45	2.86
加建	-	4.81-50.00	23.81	2.59
前室平台	-	2.15-13.80	6.43	5.41
起居室	40.11	22.31-70.03	40.02	40.02
供位	1.15	0.54-3.68	1.93	1.89
内室	2.10	2.10-9.00	4.26	4.13
晒台	-	1.53-29.04	8.80	5.13
火塘区域	1.20	1.20-3.60	2.43	2.31
主人区域	3.46	1.79-9.00	4.81	4.66
祭祀区域	4.91	1.41-7.22	3.95	3.95
会客区域	3.67	1.88-15.63	7.11	6.90
餐厨区域	4.28	1.46-14.43	5.55	5.39
就寝区域	9.25	1.76-17.23	7.92	7.77
生水区域	-	0.54-6.17	2.11	1.46
储藏区域	5.62	1.12-16.86	7.11	6.89

住居平面图   住居功能平面图

018

院落

住居入口

住居整体形象

住居室内

火塘

019

	编号	户主姓名	家庭成员姓名及与户主的关系	
	C25	杨岩那	肖欧茸	妻子
			赵艾恩	母亲
			杨叶门	长女

项目	结果	范围	平均（分项）	平均（总数）
基本信息				
几代人	3	1-3	2.23	2.21
在册人口	4	1-10	4.62	4.57
常住人口	4	0-9	3.75	3.67
被测身高人性别	男	男/女	-	-
建造年代	2008	1983-2011	-	-
住居层数	2	1-2	-	-
屋顶样式	-	圆/方	-	-
结构材料	木	木/砖	-	-
旱地（单位：亩）	1.5	0.50-8.00	2.60	1.36
水田（单位：亩）	7.6	4.00-17.60	8.58	4.51
竹子（单位：亩）	0.6	0.20-19.00	3.82	2.84
核桃（单位：亩）	4	0.80-24.00	6.88	3.27
茶叶（单位：亩）	2	1.00-25.00	3.59	2.60
杉木（单位：亩）	-	0.70-8.00	2.57	0.82
猪（单位：头）	-	1-15	4.81	3.57
牛（单位：头）	-	1-4	2.14	0.45
鸡（单位：头）	-	1-20	5.18	3.07
鸭（单位：只）	-	1-11	4.56	0.72
猫（单位：只）	-	1	1	0.02
狗（单位：只）	-	1	1	0.07
长度(单位：mm)				
身高	1570	1350-1710	1578.27	-
坐高	950	850-1090	984.26	-
入口门高	1720	1400-2040	1723.63	-
晒台门高	1100	785-1880	1186.61	-
墙窗窗洞高	-	300-1230	565.27	-
墙窗下沿高	-	100-1300	822	-

位置图

亲属关系位置图

C02 杨岩门
C07 杨俄嘎
C05 杨尼伞
C03 杨岩嘎
A17 杨尼搞
C38 杨三到
C25 杨岩那
A14 杨赛茸
C01 杨岩嘎

项目	结果	范围	平均（分项）	平均（总数）
墙窗上沿高	1350	1170-1950	1406.48	-
顶窗窗洞高	-	300-1400	1031.43	-
顶窗下沿高	-	730-1500	1027.50	-
顶窗上下沿进深	-	500-1800	1007.14	-
室内梁高	2000	1640-2550	2017.86	-
火塘上架子高	1500	1200-1650	1447.50	-
面积（单位：㎡）				
院子	206.13	96.50-159.63	235.64	235.64
住居	63.84	28.16-110.52	59.12	59.12
晾晒	54.66	6.11-106.15	43.10	40.54
种植	-	1.29-274.76	33.03	15.37
用水	2.40	0.38-9.80	3.02	2.90
饲养	-	2.20-75.17	18.92	17.98
附属	-	3.36-28.58	14.45	2.86
加建	-	4.81-50.00	23.81	2.59
前室平台	6.75	2.15-13.80	6.43	5.41
起居室	38.18	22.31-70.03	40.02	40.02
供位	2.31	0.54-3.68	1.93	1.89
内室	4.29	2.10-9.00	4.26	4.13
晒台	5.47	1.53-29.04	8.80	5.13
火塘区域	2.55	1.20-3.60	2.43	2.31
主人区域	5.20	1.79-9.00	4.81	4.66
祭祀区域	3.48	1.41-7.22	3.95	3.95
会客区域	8.45	1.88-15.63	7.11	6.90
餐厨区域	7.36	1.46-14.43	5.55	5.39
就寝区域	2.32	1.76-17.23	7.92	7.77
生水区域	2.52	0.54-6.17	2.11	1.46
储藏区域	5.11	1.12-16.86	7.11	6.89

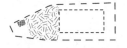

住居平面图

住居功能平面图

019

院落

住居入口

住居室内

火塘

住居整体形象

020

编号	户主姓名	家庭成员姓名及与户主的关系		
A14	杨赛茸	肖叶噶　妻子 杨岩门　儿子 杨三木勒　儿子		

项目	结果	范围	平均（分项）	平均（总数）
基本信息				
几代人	2	1-3	2.23	2.21
在册人口	4	1-10	4.62	4.57
常住人口	4	0-9	3.75	3.67
被测身高人性别	男	男/女	-	-
建造年代	2006	1983-2011	-	-
住居层数	1	1-2	-	-
屋顶样式	-	圆/方	-	-
结构材料	木	木/砖	-	-
旱地（单位：亩）	3.9	0.50-8.00	2.60	1.36
水田（单位：亩）	10.5	4.00-17.60	8.58	4.51
竹子（单位：亩）	3	0.20-19.00	3.82	2.84
核桃（单位：亩）	4.3	0.80-24.00	6.88	3.27
茶叶（单位：亩）	3.9	1.00-25.00	3.59	2.60
杉木（单位：亩）	1	0.70-8.00	2.57	0.82
猪（单位：头）	8	1-15	4.81	3.57
牛（单位：头）	-	1-4	2.14	0.45
鸡（单位：头）	2	1-20	5.18	3.07
鸭（单位：只）	-	1-11	4.56	0.72
猫（单位：只）	-	1	1	0.02
狗（单位：只）	1	1	1	0.07
长度（单位：mm)				
身高	1530	1350-1710	1578.27	-
坐高	940	850-1090	984.26	-
入口门高	1780	1400-2040	1723.63	-
晒台门高	-	785-1880	1186.61	-
墙窗窗洞高	900	300-1230	565.27	-
墙窗下沿高	970	100-1300	822	-

位置图

亲属关系位置图

C02　杨岩门
C07　杨俄嘎
C05　杨尼伞
C03　杨岩嘎
A17　杨尼搞
C38　杨三到
C25　杨岩那
A14　杨赛茸
C01　杨岩嘎

项目	结果	范围	平均（分项）	平均（总数）
墙窗上沿高	1650	1170-1950	1406.48	-
顶窗窗洞高	-	300-1400	1031.43	-
顶窗下沿高	-	730-1500	1027.50	-
顶窗上下沿进深	-	500-1800	1007.14	-
室内梁高	2250	1640-2550	2017.86	-
火塘上架子高	1570	1200-1650	1447.50	-
面积（单位：㎡）				
院子	275.21	96.50-159.63	235.64	235.64
住居	56.05	28.16-110.52	59.12	59.12
晾晒	33.10	6.11-106.15	43.10	40.54
种植	-	1.29-274.76	33.03	15.37
用水	2.49	0.38-9.80	3.02	2.90
饲养	21.52	2.20-75.17	18.92	17.98
附属	-	3.36-28.58	14.45	2.86
加建	-	4.81-50.00	23.81	2.59
前室平台	-	2.15-13.80	6.43	5.41
起居室	47.70	22.31-70.03	40.02	40.02
供位	0.81	0.54-3.68	1.93	1.89
内室	6.74	2.10-9.00	4.26	4.13
晒台	-	1.53-29.04	8.80	5.13
火塘区域	-	1.20-3.60	2.43	2.31
主人区域	6.28	1.79-9.00	4.81	4.66
祭祀区域	5.04	1.41-7.22	3.95	3.95
会客区域	7.10	1.88-15.63	7.11	6.90
餐厨区域	4.79	1.46-14.43	5.55	5.39
就寝区域	6.20	1.76-17.23	7.92	7.77
生水区域	1.36	0.54-6.17	2.11	1.46
储藏区域	7.27	1.12-16.86	7.11	6.89

住居平面图

住居功能平面图

院落

住居入口

住居整体形象

住居室内

火塘

021

编号	户主姓名	家庭成员姓名及与户主的关系		
C01	杨岩噶	不 详　母亲		

项目	结果	范围	平均（分项）	平均（总数）
基本信息				
几代人	2	1-3	2.23	2.21
在册人口	2	1-10	4.62	4.57
常住人口	2	0-9	3.75	3.67
被测身高人性别	男	男/ 女	-	-
建造年代	2003	1983-2011	-	-
住居层数	2	1-2	-	-
屋顶样式	-	圆/ 方	-	-
结构材料	木	木/ 砖	-	-
旱地（单位：亩）	-	0.50-8.00	2.60	1.36
水田（单位：亩）	-	4.00-17.60	8.58	4.51
竹子（单位：亩）	-	0.20-19.00	3.82	2.84
核桃（单位：亩）	-	0.80-24.00	6.88	3.27
茶叶（单位：亩）	-	1.00-25.00	3.59	2.60
杉木（单位：亩）	-	0.70-8.00	2.57	0.82
猪（单位：头）	3	1-15	4.81	3.57
牛（单位：头）	-	1-4	2.14	0.45
鸡（单位：头）	4	1-20	5.18	3.07
鸭（单位：只）	-	1-11	4.56	0.72
猫（单位：只）	-	1	1	0.02
狗（单位：只）	-	1	1	0.07
长度(单位：mm)				
身高	1600	1350-1710	1578.27	-
坐高	960	850-1090	984.26	-
入口门高	1700	1400-2040	1723.63	-
晒台门高	1200	785-1880	1186.61	-
墙窗窗洞高	460	300-1230	565.27	-
墙窗下沿高	780	100-1300	822	-

位置图

亲属关系位置图

C02 杨岩门
C07 杨俄嘎
C05 杨尼伞
C03 杨岩嘎
A17 杨尼搞
C38 杨三到
C25 杨岩那
A14 杨赛茸
C01 杨岩噶

项目	结果	范围	平均（分项）	平均（总数）
墙窗上沿高	1420	1170-1950	1406.48	-
顶窗窗洞高	-	300-1400	1031.43	-
顶窗下沿高	-	730-1500	1027.50	-
顶窗上下沿进深	-	500-1800	1007.14	-
室内梁高	2000	1640-2550	2017.86	-
火塘上架子高	1600	1200-1650	1447.50	-
面积（单位：㎡）				
院子	184.75	96.50-159.63	235.64	235.64
住居	55.94	28.16-110.52	59.12	59.12
晾晒	21.93	6.11-106.15	43.10	40.54
种植	-	1.29-274.76	33.03	15.37
用水	2.31	0.38-9.80	3.02	2.90
饲养	7.90	2.20-75.17	18.92	17.98
附属	-	3.36-28.58	14.45	2.86
加建	-	4.81-50.00	23.81	2.59
前室平台	4.51	2.15-13.80	6.43	5.41
起居室	41.80	22.31-70.03	40.02	40.02
供位	2.25	0.54-3.68	1.93	1.89
内室	3.75	2.10-9.00	4.26	4.13
晒台	8.51	1.53-29.04	8.80	5.13
火塘区域	2.17	1.20-3.60	2.43	2.31
主人区域	4.36	1.79-9.00	4.81	4.66
祭祀区域	0.00	1.41-7.22	3.95	3.95
会客区域	7.36	1.88-15.63	7.11	6.90
餐厨区域	4.28	1.46-14.43	5.55	5.39
就寝区域	0.00	1.76-17.23	7.92	7.77
生水区域	2.05	0.54-6.17	2.11	1.46
储藏区域	9.17	1.12-16.86	7.11	6.89

住居平面图

住居功能平面图

021

院落

住居入口

住居整体形象

住居室内

火塘

022

项目	结果	范围	平均（分项）	平均（总数）
基本信息				
几代人	2	1-3	2.23	2.21
在册人口	6	1-10	4.62	4.57
常住人口	3	0-9	3.75	3.67
被测身高人性别	男	男／女	-	-
建造年代	2000	1983-2011	-	-
住居层数	2	1-2	-	-
屋顶样式	-	圆／方	-	-
结构材料	木	木／砖	-	-
旱地（单位：亩）	8	0.50-8.00	2.60	1.36
水田（单位：亩）	10	4.00-17.60	8.58	4.51
竹子（单位：亩）	1.2	0.20-19.00	3.82	2.84
核桃（单位：亩）	-	0.80-24.00	6.88	3.27
茶叶（单位：亩）	-	1.00-25.00	3.59	2.60
杉木（单位：亩）	7	0.70-8.00	2.57	0.82
猪（单位：头）	3	1-15	4.81	3.57
牛（单位：头）	1	1-4	2.14	0.45
鸡（单位：头）	4	1-20	5.18	3.07
鸭（单位：只）	-	1-11	4.56	0.72
猫（单位：只）	-	1	1	0.02
狗（单位：只）	-	1	1	0.07
长度（单位：mm）				
身高	1480	1350-1710	1578.27	-
坐高	950	850-1090	984.26	-
入口门高	1750	1400-2040	1723.63	-
晒台门高	1420	785-1880	1186.61	-
墙窗窗洞高	550	300-1230	565.27	-
墙窗下沿高	900	100-1300	822	-

B08 杨俄嘎
C15 杨六嘎

位置图

亲属关系位置图

项目	结果	范围	平均（分项）	平均（总数）
墙窗上沿高	-	1170-1950	1406.48	-
顶窗窗洞高	-	300-1400	1031.43	-
顶窗下沿高	-	730-1500	1027.50	-
顶窗上下沿进深	-	500-1800	1007.14	-
室内梁高	2050	1640-2550	2017.86	-
火塘上架子高	1330	1200-1650	1447.50	-
面积（单位：㎡）				
院子	245.81	96.50-159.63	235.64	235.64
住居	77.44	28.16-110.52	59.12	59.12
晾晒	75.04	6.11-106.15	43.10	40.54
种植	6.60	1.29-274.76	33.03	15.37
用水	5.10	0.38-9.80	3.02	2.90
饲养	31.51	2.20-75.17	18.92	17.98
附属	-	3.36-28.58	14.45	2.86
加建	-	4.81-50.00	23.81	2.59
前室平台	7.20	2.15-13.80	6.43	5.41
起居室	48.91	22.31-70.03	40.02	40.02
供位	3.30	0.54-3.68	1.93	1.89
内室	5.40	2.10-9.00	4.26	4.13
晒台	7.15	1.53-29.04	8.80	5.13
火塘区域	2.80	1.20-3.60	2.43	2.31
主人区域	5.36	1.79-9.00	4.81	4.66
祭祀区域	4.79	1.41-7.22	3.95	3.95
会客区域	8.00	1.88-15.63	7.11	6.90
餐厨区域	3.63	1.46-14.43	5.55	5.39
就寝区域	9.03	1.76-17.23	7.92	7.77
生水区域	3.06	0.54-6.17	2.11	1.46
储藏区域	11.08	1.12-16.86	7.11	6.89

住居平面图

住居功能平面图

022

院落

住居入口

住居整体形象

住居室内

火塘

023

编号	户主姓名	家庭成员姓名及与户主的关系
C15	杨六嘎	不 详 妻子 不 详 儿子

项目	结果	范围	平均（分项）	平均（总数）
基本信息				
几代人	2	1-3	2.23	2.21
在册人口	3	1-10	4.62	4.57
常住人口	3	0-9	3.75	3.67
被测身高人性别	男	男/女	-	
建造年代	2003	1983-2011	-	
住居层数	1	1-2	-	
屋顶样式	-	圆/方	-	
结构材料	木	木/砖	-	
旱地（单位：亩）	-	0.50-8.00	2.60	1.36
水田（单位：亩）	-	4.00-17.60	8.58	4.51
竹子（单位：亩）	-	0.20-19.00	3.82	2.84
核桃（单位：亩）	-	0.80-24.00	6.88	3.27
茶叶（单位：亩）	-	1.00-25.00	3.59	2.60
杉木（单位：亩）	-	0.70-8.00	2.57	0.82
猪（单位：头）	4	1-15	4.81	3.57
牛（单位：头）	-	1-4	2.14	0.45
鸡（单位：头）	-	1-20	5.18	3.07
鸭（单位：只）	-	1-11	4.56	0.72
猫（单位：只）	-	1	1	0.02
狗（单位：只）	-	1	1	0.07
长度（单位：mm）				
身高	1500	1350-1710	1578.27	-
坐高	1000	850-1090	984.26	-
入口门高	1850	1400-2040	1723.63	-
晒台门高	-	785-1880	1186.61	-
墙窗窗洞高	630	300-1230	565.27	-
墙窗下沿高	930	100-1300	822	-

位置图

B08 杨俄嘎
C15 杨六嘎

亲属关系位置图

项目	结果	范围	平均（分项）	平均（总数）
墙窗上沿高	1750	1170-1950	1406.48	-
顶窗窗洞高	-	300-1400	1031.43	-
顶窗下沿高	-	730-1500	1027.50	-
顶窗上下沿进深	-	500-1800	1007.14	-
室内梁高	2100	1640-2550	2017.86	-
火塘上架子高	1500	1200-1650	1447.50	-
面积（单位：㎡）				
院子	220.95	96.50-159.63	235.64	235.64
住居	57.27	28.16-110.52	59.12	59.12
晾晒	69.52	6.11-106.15	43.10	40.54
种植	-	1.29-274.76	33.03	15.37
用水	3.96	0.38-9.80	3.02	2.90
饲养	6.05	2.20-75.17	18.92	17.98
附属	-	3.36-28.58	14.45	2.86
加建	-	4.81-50.00	23.81	2.59
前室平台	-	2.15-13.80	6.43	5.41
起居室	43.88	22.31-70.03	40.02	40.02
供位	1.95	0.54-3.68	1.93	1.89
内室	4.49	2.10-9.00	4.26	4.13
晒台	-	1.53-29.04	8.80	5.13
火塘区域	2.40	1.20-3.60	2.43	2.31
主人区域	5.12	1.79-9.00	4.81	4.66
祭祀区域	4.21	1.41-7.22	3.95	3.95
会客区域	10.69	1.88-15.63	7.11	6.90
餐厨区域	6.61	1.46-14.43	5.55	5.39
就寝区域	6.20	1.76-17.23	7.92	7.77
生水区域	-	0.54-6.17	2.11	1.46
储藏区域	10.49	1.12-16.86	7.11	6.89

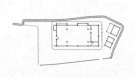

住居平面图

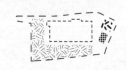

住居功能平面图

023

院落

住居入口

住居整体形象

住居室内

火塘

024

编号	户主姓名	家庭成员姓名及与户主的关系		
B22	杨岩惹	不 详 母亲	不 详	女儿
		不 详 妻子		
		不 详 儿子		

项目	结果	范围	平均（分项）	平均（总数）
基本信息				
几代人	2	1-3	2.23	2.21
在册人口	5	1-10	4.62	4.57
常住人口	2	0-9	3.75	3.67
被测身高人性别	女	男/ 女	-	-
建造年代	2009	1983-2011	-	-
住居层数	2	1-2	-	-
屋顶样式	圆	圆/ 方	-	-
结构材料	木	木/ 砖	-	-
旱地（单位：亩）	-	0.50-8.00	2.60	1.36
水田（单位：亩）	-	4.00-17.60	8.58	4.51
竹子（单位：亩）	-	0.20-19.00	3.82	2.84
核桃（单位：亩）	-	0.80-24.00	6.88	3.27
茶叶（单位：亩）	-	1.00-25.00	3.59	2.60
杉木（单位：亩）	-	0.70-8.00	2.57	0.82
猪（单位：头）	1	1-15	4.81	3.57
牛（单位：头）	-	1-4	2.14	0.45
鸡（单位：头）	6	1-20	5.18	3.07
鸭（单位：只）	-	1-11	4.56	0.72
猫（单位：只）	-	1	1	0.02
狗（单位：只）	-	1	1	0.07
长度(单位：mm)				
身高	1470	1350-1710	1578.27	-
坐高	960	850-1090	984.26	-
入口门高	1650	1400-2040	1723.63	-
晒台门高	1200	785-1880	1186.61	-
墙窗窗洞高	-	300-1230	565.27	-
墙窗下沿高	-	100-1300	822	-

B22 杨岩惹
C31 杨赛到

位置图

亲属关系位置图

项目	结果	范围	平均（分项）	平均（总数）
墙窗上沿高	-	1170-1950	1406.48	-
顶窗窗洞高	-	300-1400	1031.43	-
顶窗下沿高	-	730-1500	1027.50	-
顶窗上下沿进深	-	500-1800	1007.14	-
室内梁高	2000	1640-2550	2017.86	-
火塘上架子高	1470	1200-1650	1447.50	-
面积（单位：㎡）				
院子	272.18	96.50-159.63	235.64	235.64
住居	49.23	28.16-110.52	59.12	59.12
晾晒	63.16	6.11-106.15	43.10	40.54
种植	-	1.29-274.76	33.03	15.37
用水	6.33	0.38-9.80	3.02	2.90
饲养	10.82	2.20-75.17	18.92	17.98
附属	-	3.36-28.58	14.45	2.86
加建	-	4.81-50.00	23.81	2.59
前室平台	5.31	2.15-13.80	6.43	5.41
起居室	36.34	22.31-70.03	40.02	40.02
供位	1.78	0.54-3.68	1.93	1.89
内室	2.37	2.10-9.00	4.26	4.13
晒台	6.62	1.53-29.04	8.80	5.13
火塘区域	2.39	1.20-3.60	2.43	2.31
主人区域	3.12	1.79-9.00	4.81	4.66
祭祀区域	3.64	1.41-7.22	3.95	3.95
会客区域	8.62	1.88-15.63	7.11	6.90
餐厨区域	4.35	1.46-14.43	5.55	5.39
就寝区域	6.21	1.76-17.23	7.92	7.77
生水区域	1.87	0.54-6.17	2.11	1.46
储藏区域	6.94	1.12-16.86	7.11	6.89

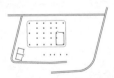

住居平面图

住居功能平面图

院落

住居入口

住居整体形象

住居室内

火塘

025

编号	户主姓名	家庭成员姓名及与户主的关系
C31	杨赛到	杨依惹　妻子 杨尼毛　长子 杨三木那　次子

项目	结果	范围	平均（分项）	平均（总数）
基本信息				
几代人	2	1-3	2.23	2.21
在册人口	4	1-10	4.62	4.57
常住人口	4	0-9	3.75	3.67
被测身高人性别	女	男/女	-	
建造年代	2007	1983-2011	-	
住居层数	2	1-2	-	
屋顶样式	-	圆/方	-	
结构材料	木	木/砖	-	
旱地（单位：亩）	-	0.50-8.00	2.60	1.36
水田（单位：亩）	7.5	4.00-17.60	8.58	4.51
竹子（单位：亩）	1	0.20-19.00	3.82	2.84
核桃（单位：亩）	2	0.80-24.00	6.88	3.27
茶叶（单位：亩）	2.8	1.00-25.00	3.59	2.60
杉木（单位：亩）	2	0.70-8.00	2.57	0.82
猪（单位：头）	4	1-15	4.81	3.57
牛（单位：头）	-	1-4	2.14	0.45
鸡（单位：头）	-	1-20	5.18	3.07
鸭（单位：只）	-	1-11	4.56	0.72
猫（单位：只）	-	1	1	0.02
狗（单位：只）	-	1	1	0.07
长度(单位：mm)				
身高	1500	1350-1710	1578.27	-
坐高	1020	850-1090	984.26	
入口门高	1700	1400-2040	1723.63	
晒台门高	1000	785-1880	1186.61	
墙窗窗洞高	-	300-1230	565.27	
墙窗下沿高	-	100-1300	822	

B22 杨岩惹
C31 杨赛到

位置图

亲属关系位置图

项目	结果	范围	平均（分项）	平均（总数）
墙窗上沿高	-	1170-1950	1406.48	-
顶窗窗洞高	-	300-1400	1031.43	-
顶窗下沿高	-	730-1500	1027.50	-
顶窗上下沿进深	-	500-1800	1007.14	-
室内梁高	1900	1640-2550	2017.86	-
火塘上架子高	1500	1200-1650	1447.50	-
面积（单位：㎡）				
院子	339.64	96.50-159.63	235.64	235.64
住居	68.42	28.16-110.52	59.12	59.12
晾晒	66.58	6.11-106.15	43.10	40.54
种植	63.20	1.29-274.76	33.03	15.37
用水	2.92	0.38-9.80	3.02	2.90
饲养	9.00	2.20-75.17	18.92	17.98
附属	14.08	3.36-28.58	14.45	2.86
加建	-	4.81-50.00	23.81	2.59
前室平台	7.97	2.15-13.80	6.43	5.41
起居室	47.49	22.31-70.03	40.02	40.02
供位	2.55	0.54-3.68	1.93	1.89
内室	4.42	2.10-9.00	4.26	4.13
晒台	13.18	1.53-29.04	8.80	5.13
火塘区域	3.37	1.20-3.60	2.43	2.31
主人区域	4.16	1.79-9.00	4.81	4.66
祭祀区域	3.62	1.41-7.22	3.95	3.95
会客区域	10.00	1.88-15.63	7.11	6.90
餐厨区域	7.85	1.46-14.43	5.55	5.39
就寝区域	12.51	1.76-17.23	7.92	7.77
生水区域	3.00	0.54-6.17	2.11	1.46
储藏区域	5.71	1.12-16.86	7.11	6.89

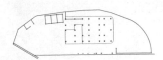

住居平面图 住居功能平面图

025

院落

住居入口

住居全体形象

住居室内

火塘

026

编号	户主姓名	家庭成员姓名及与户主的关系		
A21	杨尼张	肖欧那	妻子	
		杨岩生	长子	
		杨尼搞	次子	

项目	结果	范围	平均（分项）	平均（总数）
基本信息				
几代人	2	1-3	2.23	2.21
在册人口	4	1-10	4.62	4.57
常住人口	-	0-9	3.75	3.67
被测身高人性别	-	男/女	-	-
建造年代	-	1983-2011	-	-
住居层数	2	1-2	-	-
屋顶样式	-	圆/方	-	-
结构材料	木	木/砖	-	-
旱地（单位：亩）	1	0.50-8.00	2.60	1.36
水田（单位：亩）	-	4.00-17.60	8.58	4.51
竹子（单位：亩）	5	0.20-19.00	3.82	2.84
核桃（单位：亩）	-	0.80-24.00	6.88	3.27
茶叶（单位：亩）	3	1.00-25.00	3.59	2.60
杉木（单位：亩）	-	0.70-8.00	2.57	0.82
猪（单位：头）	-	1-15	4.81	3.57
牛（单位：头）	-	1-4	2.14	0.45
鸡（单位：头）	-	1-20	5.18	3.07
鸭（单位：只）	-	1-11	4.56	0.72
猫（单位：只）	-	1	1	0.02
狗（单位：只）	-	1	1	0.07
长度(单位：mm)				
身高	-	1350-1710	1578.27	-
坐高	-	850-1090	984.26	-
入口门高	-	1400-2040	1723.63	-
晒台门高	-	785-1880	1186.61	-
墙窗窗洞高	-	300-1230	565.27	-
墙窗下沿高	-	100-1300	822	-

A21　杨尼张

位置图

亲属关系位置图

项目	结果	范围	平均（分项）	平均（总数）
墙窗上沿高	-	1170-1950	1406.48	-
顶窗窗洞高	-	300-1400	1031.43	-
顶窗下沿高	-	730-1500	1027.50	-
顶窗上下沿进深	-	500-1800	1007.14	-
室内梁高	-	1640-2550	2017.86	-
火塘上架子高	-	1200-1650	1447.50	-
面积（单位：㎡）				
院子	124.22	96.50-159.63	235.64	235.64
住居	53.00	28.16-110.52	59.12	59.12
晾晒	-	6.11-106.15	43.10	40.54
种植	-	1.29-274.76	33.03	15.37
用水	-	0.38-9.80	3.02	2.90
饲养	-	2.20-75.17	18.92	17.98
附属	-	3.36-28.58	14.45	2.86
加建	-	4.81-50.00	23.81	2.59
前室平台	-	2.15-13.80	6.43	5.41
起居室	27.09	22.31-70.03	40.02	40.02
供位	-	0.54-3.68	1.93	1.89
内室	-	2.10-9.00	4.26	4.13
晒台	-	1.53-29.04	8.80	5.13
火塘区域	-	1.20-3.60	2.43	2.31
主人区域	-	1.79-9.00	4.81	4.66
祭祀区域	1.93	1.41-7.22	3.95	3.95
会客区域	-	1.88-15.63	7.11	6.90
餐厨区域	-	1.46-14.43	5.55	5.39
就寝区域	-	1.76-17.23	7.92	7.77
生水区域	-	0.54-6.17	2.11	1.46
储藏区域	-	1.12-16.86	7.11	6.89

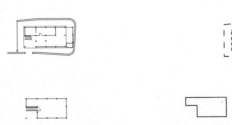

住居平面图　　　　　　　　　　　　　住居功能平面图

院落　　　　　　　　　　　住居入口

住居整体形象

住居室内   火塘

027

编号	户主姓名	家庭成员姓名及与户主的关系
A08	杨岩门（大）	李国强　长子

项目	结果	范围	平均（分项）	平均（总数）
基本信息				
几代人	2	1-3	2.23	2.21
在册人口	2	1-10	4.62	4.57
常住人口	2	0-9	3.75	3.67
被测身高人性别	-	男/女	-	-
建造年代	1984	1983-2011	-	-
住居层数	1	1-2	-	-
屋顶样式	圆	圆/方	-	-
结构材料	木	木/砖	-	-
旱地（单位：亩）	-	0.50-8.00	2.60	1.36
水田（单位：亩）	-	4.00-17.60	8.58	4.51
竹子（单位：亩）	-	0.20-19.00	3.82	2.84
核桃（单位：亩）	-	0.80-24.00	6.88	3.27
茶叶（单位：亩）	-	1.00-25.00	3.59	2.60
杉木（单位：亩）	-	0.70-8.00	2.57	0.82
猪（单位：头）	-	1-15	4.81	3.57
牛（单位：头）	-	1-4	2.14	0.45
鸡（单位：头）	-	1-20	5.18	3.07
鸭（单位：只）	-	1-11	4.56	0.72
猫（单位：只）	-	1	1	0.02
狗（单位：只）	-	1	1	0.07
长度（单位：mm）				
身高	-	1350-1710	1578.27	-
坐高	-	850-1090	984.26	-
入口门高	1400	1400-2040	1723.63	-
晒台门高	-	785-1880	1186.61	-
墙窗窗洞高	-	300-1230	565.27	-
墙窗下沿高	-	100-1300	822	-

A08 杨岩门

位置图

亲属关系位置图

项目	结果	范围	平均(分项)	平均(总数)
墙窗上沿高	-	1170-1950	1406.48	-
顶窗窗洞高	600	300-1400	1031.43	-
顶窗下沿高	1500	730-1500	1027.50	-
顶窗上下沿进深	700	500-1800	1007.14	-
室内梁高	1900	1640-2550	2017.86	-
火塘上架子高	1620	1200-1650	1447.50	-
面积(单位：㎡)				
院子	155.76	96.50-159.63	235.64	235.64
住居	37.95	28.16-110.52	59.12	59.12
晾晒	9.29	6.11-106.15	43.10	40.54
种植	39.02	1.29-274.76	33.03	15.37
用水	-	0.38-9.80	3.02	2.90
饲养	-	2.20-75.17	18.92	17.98
附属	10.03	3.36-28.58	14.45	2.86
加建	-	4.81-50.00	23.81	2.59
前室平台	-	2.15-13.80	6.43	5.41
起居室	34.40	22.31-70.03	40.02	40.02
供位	1.41	0.54-3.68	1.93	1.89
内室	5.37	2.10-9.00	4.26	4.13
晒台	-	1.53-29.04	8.80	5.13
火塘区域	1.32	1.20-3.60	2.43	2.31
主人区域	-	1.79-9.00	4.81	4.66
祭祀区域	2.70	1.41-7.22	3.95	3.95
会客区域	-	1.88-15.63	7.11	6.90
餐厨区域	-	1.46-14.43	5.55	5.39
就寝区域	6.83	1.76-17.23	7.92	7.77
生水区域	-	0.54-6.17	2.11	1.46
储藏区域	-	1.12-16.86	7.11	6.89

住居平面图

住居功能平面图

院落　　　　　　　　住居入口

住居整体形象

住居室内

火塘

编号	户主姓名	家庭成员姓名及与户主的关系	
B11	肖俄嘎	杨侬嘎	妻子
		肖侬伞	长女
		肖欧门	次女

项目	结果	范围	平均（分项）	平均（总数）
基本信息				
几代人	2	1-3	2.23	2.21
在册人口	4	1-10	4.62	4.57
常住人口	4	0-9	3.75	3.67
被测身高人性别	女	男/女	-	
建造年代	2000	1983-2011	-	
住居层数	2	1-2	-	
屋顶样式	-	圆/方	-	
结构材料	木	木/砖	-	-
旱地（单位：亩）	-	0.50-8.00	2.60	1.36
水田（单位：亩）	7.6	4.00-17.60	8.58	4.51
竹子（单位：亩）	0.3	0.20-19.00	3.82	2.84
核桃（单位：亩）	2.4	0.80-24.00	6.88	3.27
茶叶（单位：亩）	2	1.00-25.00	3.59	2.60
杉木（单位：亩）	-	0.70-8.00	2.57	0.82
猪（单位：头）	3	1-15	4.81	3.57
牛（单位：头）	-	1-4	2.14	0.45
鸡（单位：头）	2	1-20	5.18	3.07
鸭（单位：只）	6	1-11	4.56	0.72
猫（单位：只）	-	1	1	0.02
狗（单位：只）	-	1	1	0.07
长度（单位：mm）				
身高	1470	1350-1710	1578.27	-
坐高	960	850-1090	984.26	-
入口门高	1800	1400-2040	1723.63	-
晒台门高	1200	785-1880	1186.61	-
墙窗窗洞高	-	300-1230	565.27	-
墙窗下沿高	-	100-1300	822	-

位置图

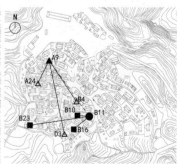

亲属关系位置图

B11 肖俄嘎
B16 肖赛倒
B10 肖六那
B23 肖岩不勒
A09 肖杰伦
A24 肖岩嘎
B04 肖尼新
D03 肖三改

项目	结果	范围	平均（分项）	平均（总数）
墙窗上沿高	1250	1170-1950	1406.48	-
顶窗窗洞高	-	300-1400	1031.43	-
顶窗下沿高	-	730-1500	1027.50	-
顶窗上下沿进深	-	500-1800	1007.14	-
室内梁高	2100	1640-2550	2017.86	-
火塘上架子高	1580	1200-1650	1447.50	-
面积（单位：㎡）				
院子	247.92	96.50-159.63	235.64	235.64
住居	57.91	28.16-110.52	59.12	59.12
晾晒	75.15	6.11-106.15	43.10	40.54
种植	-	1.29-274.76	33.03	15.37
用水	2.48	0.38-9.80	3.02	2.90
饲养	13.80	2.20-75.17	18.92	17.98
附属	-	3.36-28.58	14.45	2.86
加建	-	4.81-50.00	23.81	2.59
前室平台	6.80	2.15-13.80	6.43	5.41
起居室	49.88	22.31-70.03	40.02	40.02
供位	2.33	0.54-3.68	1.93	1.89
内室	3.67	2.10-9.00	4.26	4.13
晒台	10.00	1.53-29.04	8.80	5.13
火塘区域	2.40	1.20-3.60	2.43	2.31
主人区域	4.22	1.79-9.00	4.81	4.66
祭祀区域	4.15	1.41-7.22	3.95	3.95
会客区域	6.11	1.88-15.63	7.11	6.90
餐厨区域	6.57	1.46-14.43	5.55	5.39
就寝区域	12.27	1.76-17.23	7.92	7.77
生水区域	1.86	0.54-6.17	2.11	1.46
储藏区域	10.21	1.12-16.86	7.11	6.89

住居平面图

住居功能平面图

院落

住居整体形象

住居室内

火塘

029

编号	户主姓名	家庭成员姓名及与户主的关系			
B16	肖赛倒	李安帅	妻子	不 详	孙子
		肖艾嘎	长子		
		张依茸	儿媳		

项目	结果	范围	平均（分项）	平均（总数）
基本信息				
几代人	3	1-3	2.23	2.21
在册人口	5	1-10	4.62	4.57
常住人口	5	0-9	3.75	3.67
被测身高人性别	男	男/ 女	-	-
建造年代	1986	1983-2011	-	-
住居层数	2	1-2	-	-
屋顶样式	圆	圆/ 方	-	-
结构材料	木	木/ 砖	-	-
旱地（单位：亩）	4	0.50-8.00	2.60	1.36
水田（单位：亩）	5	4.00-17.60	8.58	4.51
竹子（单位：亩）	3.6	0.20-19.00	3.82	2.84
核桃（单位：亩）	4	0.80-24.00	6.88	3.27
茶叶（单位：亩）	6	1.00-25.00	3.59	2.60
杉木（单位：亩）	5	0.70-8.00	2.57	0.82
猪（单位：头）	8	1-15	4.81	3.57
牛（单位：头）	4	1-4	2.14	0.45
鸡（单位：头）	6	1-20	5.18	3.07
鸭（单位：只）	1	1-11	4.56	0.72
猫（单位：只）	-	1	1	0.02
狗（单位：只）	-	1	1	0.07
长度(单位：mm)				
身高	1620	1350-1710	1578.27	-
坐高	1070	850-1090	984.26	-
入口门高	1650	1400-2040	1723.63	-
晒台门高	-	785-1880	1186.61	-
墙窗窗洞高	-	300-1230	565.27	-
墙窗下沿高	-	100-1300	822	-

位置图

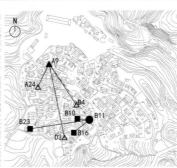

亲属关系位置图

B11 肖俄嘎
B16 肖赛倒
B10 肖六那
B23 肖岩不勒
A09 肖杰伦
A24 肖岩嘎
B04 肖尼新
D03 肖三改

项目	结果	范围	平均（分项）	平均（总数）
墙窗上沿高	-	1170-1950	1406.48	-
顶窗窗洞高	750	300-1400	1031.43	-
顶窗下沿高	800	730-1500	1027.50	-
顶窗上下沿进深	800	500-1800	1007.14	-
室内梁高	1800	1640-2550	2017.86	-
火塘上架子高	1430	1200-1650	1447.50	-
面积（单位：㎡）				
院子	251.47	96.50-159.63	235.64	235.64
住居	58.30	28.16-110.52	59.12	59.12
晾晒	71.93	6.11-106.15	43.10	40.54
种植	-	1.29-274.76	33.03	15.37
用水	5.95	0.38-9.80	3.02	2.90
饲养	11.37	2.20-75.17	18.92	17.98
附属	-	3.36-28.58	14.45	2.86
加建	-	4.81-50.00	23.81	2.59
前室平台	6.72	2.15-13.80	6.43	5.41
起居室	32.20	22.31-70.03	40.02	40.02
供位	2.24	0.54-3.68	1.93	1.89
内室	4.31	2.10-9.00	4.26	4.13
晒台	-	1.53-29.04	8.80	5.13
火塘区域	2.25	1.20-3.60	2.43	2.31
主人区域	3.72	1.79-9.00	4.81	4.66
祭祀区域	3.19	1.41-7.22	3.95	3.95
会客区域	6.85	1.88-15.63	7.11	6.90
餐厨区域	2.47	1.46-14.43	5.55	5.39
就寝区域	5.59	1.76-17.23	7.92	7.77
生水区域	1.21	0.54-6.17	2.11	1.46
储藏区域	8.21	1.12-16.86	7.11	6.89

住居平面图

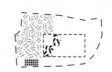

住居功能平面图

029

院落　　　　　　　　　住居入口

住居整体形象

住居室内

火塘

030

编号	户主姓名	家庭成员姓名及与户主的关系
B10	肖六那	不 详　妻子　不 详　次女 不 详　儿子 不 详　长女

项目	结果	范围	平均（分项）	平均（总数）
基本信息				
几代人	2	1-3	2.23	2.21
在册人口	5	1-10	4.62	4.57
常住人口	4	0-9	3.75	3.67
被测身高人性别	男	男/ 女	-	
建造年代	2003	1983-2011	-	
住居层数	2	1-2	-	
屋顶样式	-	圆/ 方	-	
结构材料	木	木/ 砖	-	
旱地（单位：亩）	-	0.50-8.00	2.60	1.36
水田（单位：亩）	0	4.00-17.60	8.58	4.51
竹子（单位：亩）	-	0.20-19.00	3.82	2.84
核桃（单位：亩）	-	0.80-24.00	6.88	3.27
茶叶（单位：亩）	-	1.00-25.00	3.59	2.60
杉木（单位：亩）	-	0.70-8.00	2.57	0.82
猪（单位：头）	10	1-15	4.81	3.57
牛（单位：头）	1	1-4	2.14	0.45
鸡（单位：头）	-	1-20	5.18	3.07
鸭（单位：只）	-	1-11	4.56	0.72
猫（单位：只）	-	1	1	0.02
狗（单位：只）	-	1	1	0.07
长度（单位：mm）				
身高	1670	1350-1710	1578.27	
坐高	980	850-1090	984.26	
入口门高	1760	1400-2040	1723.63	
晒台门高	1150	785-1880	1186.61	
墙窗窗洞高	390	300-1230	565.27	
墙窗下沿高	680	100-1300	822	

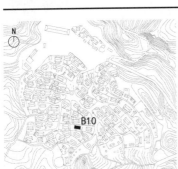

位置图

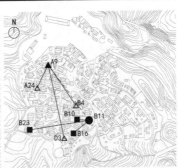

亲属关系位置图

B11 肖俄嘎
B16 肖赛倒
B10 肖六那
B23 肖岩不勒
A09 肖杰伦
A24 肖岩嘎
B04 肖尼新
D03 肖三改

项目	结果	范围	平均（分项）	平均（总数）
墙窗上沿高	1400	1170-1950	1406.48	-
顶窗窗洞高	-	300-1400	1031.43	
顶窗下沿高	-	730-1500	1027.50	
顶窗上下沿进深	-	500-1800	1007.14	
室内梁高	2020	1640-2550	2017.86	
火塘上架子高	1460	1200-1650	1447.50	
面积（单位：㎡）				
院子	203.75	96.50-159.63	235.64	235.64
住居	57.46	28.16-110.52	59.12	59.12
晾晒	53.68	6.11-106.15	43.10	40.54
种植	-	1.29-274.76	33.03	15.37
用水	0.38	0.38-9.80	3.02	2.90
饲养	18.82	2.20-75.17	18.92	17.98
附属	-	3.36-28.58	14.45	2.86
加建	-	4.81-50.00	23.81	2.59
前室平台	5.20	2.15-13.80	6.43	5.41
起居室	54.29	22.31-70.03	40.02	40.02
供位	2.29	0.54-3.68	1.93	1.89
内室	4.08	2.10-9.00	4.26	4.13
晒台	5.94	1.53-29.04	8.80	5.13
火塘区域	2.40	1.20-3.60	2.43	2.31
主人区域	4.76	1.79-9.00	4.81	4.66
祭祀区域	4.84	1.41-7.22	3.95	3.95
会客区域	8.14	1.88-15.63	7.11	6.90
餐厨区域	4.80	1.46-14.43	5.55	5.39
就寝区域	8.53	1.76-17.23	7.92	7.77
生水区域	1.38	0.54-6.17	2.11	1.46
储藏区域	5.08	1.12-16.86	7.11	6.89

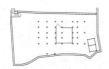

住居平面图

住居功能平面图

院落

住居入口

住居整体形象

住居室内

火塘

031

	编号	户主姓名	家庭成员姓名及与户主的关系	
	B23	肖岩不勒	田叶嘎	妻子
			肖依新	长女
			肖艾模	长子

项目	结果	范围	平均（分项）	平均（总数）
基本信息				
几代人	2	1-3	2.23	2.21
在册人口	4	1-10	4.62	4.57
常住人口	4	0-9	3.75	3.67
被测身高人性别	女	男/女	-	-
建造年代	2006	1983-2011	-	-
住居层数	2	1-2	-	-
屋顶样式	-	圆/方	-	-
结构材料	砖	木/砖	-	-
旱地（单位：亩）	2	0.50-8.00	2.60	1.36
水田（单位：亩）	6.6	4.00-17.60	8.58	4.51
竹子（单位：亩）	1.5	0.20-19.00	3.82	2.84
核桃（单位：亩）	3	0.80-24.00	6.88	3.27
茶叶（单位：亩）	4	1.00-25.00	3.59	2.60
杉木（单位：亩）	-	0.70-8.00	2.57	0.82
猪（单位：头）	6	1-15	4.81	3.57
牛（单位：头）	-	1-4	2.14	0.45
鸡（单位：头）	5	1-20	5.18	3.07
鸭（单位：只）	3	1-11	4.56	0.72
猫（单位：只）	-	1	1	0.02
狗（单位：只）	-	1	1	0.07
长度（单位：mm）				
身高	1520	1350-1710	1578.27	-
坐高	920	850-1090	984.26	-
入口门高	1750	1400-2040	1723.63	-
晒台门高	1100	785-1880	1186.61	-
墙窗窗洞高	-	300-1230	565.27	-
墙窗下沿高	-	100-1300	822	-

位置图

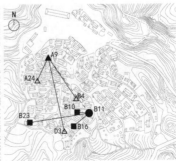

亲属关系位置图

B11 肖俄嘎
B16 肖赛倒
B10 肖六那
B23 肖岩不勒
A09 肖杰伦
A24 肖岩嘎
B04 肖尼新
D03 肖三改

项目	结果	范围	平均（分项）	平均（总数）
墙窗上沿高	1170	1170-1950	1406.48	-
顶窗窗洞高	-	300-1400	1031.43	-
顶窗下沿高	-	730-1500	1027.50	-
顶窗上下沿进深	-	500-1800	1007.14	-
室内梁高	2130	1640-2550	2017.86	-
火塘上架子高	1400	1200-1650	1447.50	-
面积（单位：㎡）				
院子	283.61	96.50-159.63	235.64	235.64
住居	64.64	28.16-110.52	59.12	59.12
晾晒	71.25	6.11-106.15	43.10	40.54
种植	-	1.29-274.76	33.03	15.37
用水	3.23	0.38-9.80	3.02	2.90
饲养	47.90	2.20-75.17	18.92	17.98
附属	-	3.36-28.58	14.45	2.86
加建	-	4.81-50.00	23.81	2.59
前室平台	9.75	2.15-13.80	6.43	5.41
起居室	39.49	22.31-70.03	40.02	40.02
供位	2.64	0.54-3.68	1.93	1.89
内室	3.84	2.10-9.00	4.26	4.13
晒台	6.56	1.53-29.04	8.80	5.13
火塘区域	3.00	1.20-3.60	2.43	2.31
主人区域	4.33	1.79-9.00	4.81	4.66
祭祀区域	3.52	1.41-7.22	3.95	3.95
会客区域	5.81	1.88-15.63	7.11	6.90
餐厨区域	8.70	1.46-14.43	5.55	5.39
就寝区域	8.74	1.76-17.23	7.92	7.77
生水区域	-	0.54-6.17	2.11	1.46
储藏区域	9.59	1.12-16.86	7.11	6.89

住居平面图

住居功能平面图

031

院落

街巷入口

住居整体形象

住居室内

火塘

032

编号	户主姓名	家庭成员姓名及与户主的关系		
A09	肖杰伦	不 详	妻子	不 详 女儿
		不 详	儿子	
		不 详	儿媳	

项目	结果	范围	平均（分项）	平均（总数）
基本信息				
几代人	2	1-3	2.23	2.21
在册人口	5	1-10	4.62	4.57
常住人口	4	0-9	3.75	3.67
被测身高人性别	男	男/女	-	-
建造年代	1994	1983-2011	-	-
住居层数	2	1-2	-	-
屋顶样式	-	圆/方	-	-
结构材料	木	木/砖	-	-
旱地（单位：亩）	-	0.50-8.00	2.60	1.36
水田（单位：亩）	-	4.00-17.60	8.58	4.51
竹子（单位：亩）	-	0.20-19.00	3.82	2.84
核桃（单位：亩）	-	0.80-24.00	6.88	3.27
茶叶（单位：亩）	-	1.00-25.00	3.59	2.60
杉木（单位：亩）	-	0.70-8.00	2.57	0.82
猪（单位：头）	1	1-15	4.81	3.57
牛（单位：头）	-	1-4	2.14	0.45
鸡（单位：头）	2	1-20	5.18	3.07
鸭（单位：只）	-	1-11	4.56	0.72
猫（单位：只）	-	1	1	0.02
狗（单位：只）	-	1	1	0.07
长度(单位：mm)				
身高	1700	1350-1710	1578.27	-
坐高	1000	850-1090	984.26	-
入口门高	1700	1400-2040	1723.63	-
晒台门高	820	785-1880	1186.61	-
墙窗窗洞高	500	300-1230	565.27	-
墙窗下沿高	100	100-1300	822	-

位置图

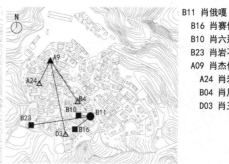

亲属关系位置图

B11 肖俄嘎
B16 肖赛倒
B10 肖六那
B23 肖岩不勒
A09 肖杰伦
A24 肖岩嘎
B04 肖尼新
D03 肖三改

项目	结果	范围	平均（分项）	平均（总数）
墙窗上沿高	1750	1170-1950	1406.48	-
顶窗窗洞高	-	300-1400	1031.43	-
顶窗下沿高	-	730-1500	1027.50	-
顶窗上下沿进深	-	500-1800	1007.14	-
室内梁高	2200	1640-2550	2017.86	-
火塘上架子高	1540	1200-1650	1447.50	-
面积（单位：㎡）				
院子	210.25	96.50-159.63	235.64	235.64
住居	56.97	28.16-110.52	59.12	59.12
晾晒	19.46	6.11-106.15	43.10	40.54
种植	5.36	1.29-274.76	33.03	15.37
用水	4.96	0.38-9.80	3.02	2.90
饲养	14.40	2.20-75.17	18.92	17.98
附属	-	3.36-28.58	14.45	2.86
加建	-	4.81-50.00	23.81	2.59
前室平台	7.24	2.15-13.80	6.43	5.41
起居室	26.10	22.31-70.03	40.02	40.02
供位	1.95	0.54-3.68	1.93	1.89
内室	3.52	2.10-9.00	4.26	4.13
晒台	8.67	1.53-29.04	8.80	5.13
火塘区域	1.95	1.20-3.60	2.43	2.31
主人区域	4.31	1.79-9.00	4.81	4.66
祭祀区域	2.93	1.41-7.22	3.95	3.95
会客区域	6.48	1.88-15.63	7.11	6.90
餐厨区域	6.16	1.46-14.43	5.55	5.39
就寝区域	8.48	1.76-17.23	7.92	7.77
生水区域	0.69	0.54-6.17	2.11	1.46
储藏区域	5.67	1.12-16.86	7.11	6.89

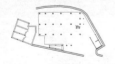

住居平面图

住居功能平面图

032

院落

住居入口

住居整体形象

住居室内

火塘

033

编号	户主姓名	家庭成员姓名及与户主的关系	
A24	肖岩嘎	杨依块　妻子 肖艾灭　长子 不 详　儿媳	

项目	结果	范围	平均（分项）	平均（总数）
基本信息				
几代人	2	1-3	2.23	2.21
在册人口	4	1-10	4.62	4.57
常住人口	4	0-9	3.75	3.67
被测身高人性别	女	男/ 女	-	-
建造年代	-	1983-2011	-	-
住居层数	2	1-2	-	-
屋顶样式	-	圆/ 方	-	-
结构材料	木	木/ 砖	-	-
旱地（单位：亩）	1	0.50-8.00	2.60	1.36
水田（单位：亩）	7.5	4.00-17.60	8.58	4.51
竹子（单位：亩）	1	0.20-19.00	3.82	2.84
核桃（单位：亩）	0.8	0.80-24.00	6.88	3.27
茶叶（单位：亩）	2	1.00-25.00	3.59	2.60
杉木（单位：亩）	2	0.70-8.00	2.57	0.82
猪（单位：头）	2	1-15	4.81	3.57
牛（单位：头）	2	1-4	2.14	0.45
鸡（单位：头）	1	1-20	5.18	3.07
鸭（单位：只）	-	1-11	4.56	0.72
猫（单位：只）	-	1	1	0.02
狗（单位：只）	-	1	1	0.07
长度(单位：mm)				
身高	1400	1350-1710	1578.27	-
坐高	880	850-1090	984.26	-
入口门高	1700	1400-2040	1723.63	-
晒台门高	1170	785-1880	1186.61	-
墙窗窗洞高	450	300-1230	565.27	-
墙窗下沿高	730	100-1300	822	-

位置图

亲属关系位置图

B11 肖俄嘎
B16 肖赛倒
B10 肖六那
B23 肖岩不勒
A09 肖杰伦
A24 肖岩嘎
B04 肖尼新
D03 肖三改

项目	结果	范围	平均（分项）	平均（总数）
墙窗上沿高	1360	1170-1950	1406.48	-
顶窗窗洞高	-	300-1400	1031.43	-
顶窗下沿高	-	730-1500	1027.50	-
顶窗上下沿进深	-	500-1800	1007.14	-
室内梁高	2060	1640-2550	2017.86	-
火塘上架子高	1500	1200-1650	1447.50	-
面积（单位：㎡）				
院子	147.29	96.50-159.63	235.64	235.64
住居	54.45	28.16-110.52	59.12	59.12
晾晒	20.93	6.11-106.15	43.10	40.54
种植	-	1.29-274.76	33.03	15.37
用水	1.82	0.38-9.80	3.02	2.90
饲养	6.52	2.20-75.17	18.92	17.98
附属	-	3.36-28.58	14.45	2.86
加建	-	4.81-50.00	23.81	2.59
前室平台	2.56	2.15-13.80	6.43	5.41
起居室	38.48	22.31-70.03	40.02	40.02
供位	1.89	0.54-3.68	1.93	1.89
内室	3.30	2.10-9.00	4.26	4.13
晒台	9.00	1.53-29.04	8.80	5.13
火塘区域	1.88	1.20-3.60	2.43	2.31
主人区域	4.71	1.79-9.00	4.81	4.66
祭祀区域	3.97	1.41-7.22	3.95	3.95
会客区域	8.20	1.88-15.63	7.11	6.90
餐厨区域	6.13	1.46-14.43	5.55	5.39
就寝区域	6.30	1.76-17.23	7.92	7.77
生水区域	2.10	0.54-6.17	2.11	1.46
储藏区域	6.69	1.12-16.86	7.11	6.89

住居平面图

住居功能平面图

033

院落

住居入口

住居整体形象

住居室内

火塘

034

编号	户主姓名	家庭成员姓名及与户主的关系		
B04	肖尼新	李依罗	母亲	肖尼绕 长子
		田叶社	妻子	
		肖依罗	长女	

项目	结果	范围	平均（分项）	平均（总数）
基本信息				
几代人	3	1-3	2.23	2.21
在册人口	5	1-10	4.62	4.57
常住人口	4	0-9	3.75	3.67
被测身高人性别	男	男/女	-	-
建造年代	2006	1983-2011	-	-
住居层数	2	1-2	-	-
屋顶样式	-	圆/方	-	-
结构材料	木	木/砖	-	-
旱地（单位：亩）	-	0.50-8.00	2.60	1.36
水田（单位：亩）	8.3	4.00-17.60	8.58	4.51
竹子（单位：亩）	0.5	0.20-19.00	3.82	2.84
核桃（单位：亩）	0.9	0.80-24.00	6.88	3.27
茶叶（单位：亩）	2	1.00-25.00	3.59	2.60
杉木（单位：亩）	0.7	0.70-8.00	2.57	0.82
猪（单位：头）	4	1-15	4.81	3.57
牛（单位：头）	-	1-4	2.14	0.45
鸡（单位：头）	6	1-20	5.18	3.07
鸭（单位：只）	-	1-11	4.56	0.72
猫（单位：只）	-	1	1	0.02
狗（单位：只）	-	1	1	0.07
长度(单位：mm)				
身高	1700	1350-1710	1578.27	-
坐高	1090	850-1090	984.26	-
入口门高	1780	1400-2040	1723.63	-
晒台门高	900	785-1880	1186.61	-
墙窗窗洞高	-	300-1230	565.27	-
墙窗下沿高	-	100-1300	822	-

位置图

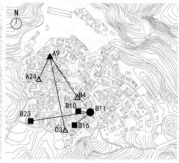

B11 肖俄嘎
B16 肖赛倒
B10 肖六那
B23 肖岩不勒
A09 肖杰伦
A24 肖岩嘎
B04 肖尼新
D03 肖三改

亲属关系位置图

项目	结果	范围	平均（分项）	平均（总数）
墙窗上沿高	-	1170-1950	1406.48	-
顶窗窗洞高	1300	300-1400	1031.43	-
顶窗下沿高	1050	730-1500	1027.50	-
顶窗上下沿进深	1070	500-1800	1007.14	-
室内梁高	2200	1640-2550	2017.86	-
火塘上架子高	1430	1200-1650	1447.50	-
面积（单位：㎡）				
院子	189.21	96.50-159.63	235.64	235.64
住居	63.22	28.16-110.52	59.12	59.12
晾晒	18.13	6.11-106.15	43.10	40.54
种植	21.16	1.29-274.76	33.03	15.37
用水	2.08	0.38-9.80	3.02	2.90
饲养	5.45	2.20-75.17	18.92	17.98
附属	-	3.36-28.58	14.45	2.86
加建	-	4.81-50.00	23.81	2.59
前室平台	6.79	2.15-13.80	6.43	5.41
起居室	54.93	22.31-70.03	40.02	40.02
供位	2.17	0.54-3.68	1.93	1.89
内室	4.13	2.10-9.00	4.26	4.13
晒台	8.14	1.53-29.04	8.80	5.13
火塘区域	2.13	1.20-3.60	2.43	2.31
主人区域	5.90	1.79-9.00	4.81	4.66
祭祀区域	4.42	1.41-7.22	3.95	3.95
会客区域	5.62	1.88-15.63	7.11	6.90
餐厨区域	5.16	1.46-14.43	5.55	5.39
就寝区域	11.75	1.76-17.23	7.92	7.77
生水区域	1.25	0.54-6.17	2.11	1.46
储藏区域	11.14	1.12-16.86	7.11	6.89

住居平面图

住居功能平面图

院落

住居入口

住居整体形象

住居室内

火塘

	编号	户主姓名	家庭成员姓名及与户主的关系	
035	D03	肖三改	王叶茸 妻子 肖艾块 长子 肖尼倒 次子	

项目	结果	范围	平均（分项）	平均（总数）
基本信息				
几代人	2	1-3	2.23	2.21
在册人口	4	1-10	4.62	4.57
常住人口	4	0-9	3.75	3.67
被测身高人性别	男	男/女	-	-
建造年代	2006	1983-2011	-	-
住居层数	1	1-2	-	-
屋顶样式	-	圆/方	-	-
结构材料	木	木/砖	-	-
旱地（单位：亩）	-	0.50-8.00	2.60	1.36
水田（单位：亩）	4.3	4.00-17.60	8.58	4.51
竹子（单位：亩）	0.3	0.20-19.00	3.82	2.84
核桃（单位：亩）	5	0.80-24.00	6.88	3.27
茶叶（单位：亩）	-	1.00-25.00	3.59	2.60
杉木（单位：亩）	-	0.70-8.00	2.57	0.82
猪（单位：头）	2	1-15	4.81	3.57
牛（单位：头）	-	1-4	2.14	0.45
鸡（单位：头）	-	1-20	5.18	3.07
鸭（单位：只）	-	1-11	4.56	0.72
猫（单位：只）	-	1	1	0.02
狗（单位：只）	-	1	1	0.07
长度（单位：mm）				
身高	1700	1350-1710	1578.27	-
坐高	1000	850-1090	984.26	-
入口门高	1700	1400-2040	1723.63	-
晒台门高	-	785-1880	1186.61	-
墙窗窗洞高	-	300-1230	565.27	-
墙窗下沿高	-	100-1300	822	-

位置图

亲属关系位置图

B11 肖俄嘎
B16 肖赛倒
B10 肖六那
B23 肖岩不勒
A09 肖杰伦
A24 肖岩嘎
B04 肖尼新
D03 肖三改

项目	结果	范围	平均（分项）	平均（总数）
墙窗上沿高	-	1170-1950	1406.48	-
顶窗窗洞高	-	300-1400	1031.43	-
顶窗下沿高	-	730-1500	1027.50	-
顶窗上下沿进深	-	500-1800	1007.14	-
室内梁高	2000	1640-2550	2017.86	-
火塘上架子高	1335	1200-1650	1447.50	-
面积（单位：㎡）				
院子	216.53	96.50-159.63	235.64	235.64
住居	34.98	28.16-110.52	59.12	59.12
晾晒	26.42	6.11-106.15	43.10	40.54
种植	48.99	1.29-274.76	33.03	15.37
用水	2.21	0.38-9.80	3.02	2.90
饲养	11.52	2.20-75.17	18.92	17.98
附属	3.36	3.36-28.58	14.45	2.86
加建	-	4.81-50.00	23.81	2.59
前室平台	-	2.15-13.80	6.43	5.41
起居室	48.59	22.31-70.03	40.02	40.02
供位	1.10	0.54-3.68	1.93	1.89
内室	3.74	2.10-9.00	4.26	4.13
晒台	-	1.53-29.04	8.80	5.13
火塘区域	1.49	1.20-3.60	2.43	2.31
主人区域	2.20	1.79-9.00	4.81	4.66
祭祀区域	3.99	1.41-7.22	3.95	3.95
会客区域	4.42	1.88-15.63	7.11	6.90
餐厨区域	3.85	1.46-14.43	5.55	5.39
就寝区域	9.55	1.76-17.23	7.92	7.77
生水区域	2.20	0.54-6.17	2.11	1.46
储藏区域	2.64	1.12-16.86	7.11	6.89

住居平面图

住居功能平面图

035

院落

住居入口

住居整体形象

住居室内

火塘

036

编号	户主姓名	家庭成员姓名及与户主的关系
C23	肖艾门	

杨安惹	妻子	李学珍	孙女
肖依块	次女	李卫强	孙子
肖珍红	六女		

项目	结果	范围	平均（分项）	平均（总数）
基本信息				
几代人	3	1-3	2.23	2.21
在册人口	6	1-10	4.62	4.57
常住人口	5	0-9	3.75	3.67
被测身高人性别	男	男／女	-	-
建造年代	1996	1983-2011	-	-
住居层数	2	1-2	-	-
屋顶样式	圆	圆／方	-	-
结构材料	木	木／砖	-	-
旱地（单位：亩）	-	0.50-8.00	2.60	1.36
水田（单位：亩）	13	4.00-17.60	8.58	4.51
竹子（单位：亩）	11	0.20-19.00	3.82	2.84
核桃（单位：亩）	12	0.80-24.00	6.88	3.27
茶叶（单位：亩）	2	1.00-25.00	3.59	2.60
杉木（单位：亩）	1	0.70-8.00	2.57	0.82
猪（单位：头）	-	1-15	4.81	3.57
牛（单位：头）	-	1-4	2.14	0.45
鸡（单位：头）	-	1-20	5.18	3.07
鸭（单位：只）	-	1-11	4.56	0.72
猫（单位：只）	-	1	1	0.02
狗（单位：只）	-	1	1	0.07
长度（单位：mm）				
身高	1650	1350-1710	1578.27	-
坐高	950	850-1090	984.26	-
入口门高	1700	1400-2040	1723.63	-
晒台门高	1250	785-1880	1186.61	-
墙窗窗洞高	600	300-1230	565.27	-
墙窗下沿高	1200	100-1300	822	-

位置图

亲属关系位置图

C23 肖艾门
C36 肖赛得
C30 肖艾新
C26 肖岩灭
A22 肖尼不勒

项目	结果	范围	平均（分项）	平均（总数）
墙窗上沿高	-	1170-1950	1406.48	-
顶窗窗洞高	-	300-1400	1031.43	-
顶窗下沿高	-	730-1500	1027.50	-
顶窗上下沿进深	-	500-1800	1007.14	-
室内梁高	1900	1640-2550	2017.86	-
火塘上架子高	1470	1200-1650	1447.50	-
面积（单位：㎡）				
院子	257.03	96.50-159.63	235.64	235.64
住居	65.21	28.16-110.52	59.12	59.12
晾晒	74.85	6.11-106.15	43.10	40.54
种植	-	1.29-274.76	33.03	15.37
用水	3.15	0.38-9.80	3.02	2.90
饲养	29.91	2.20-75.17	18.92	17.98
附属	-	3.36-28.58	14.45	2.86
加建	4.81	4.81-50.00	23.81	2.59
前室平台	8.05	2.15-13.80	6.43	5.41
起居室	41.47	22.31-70.03	40.02	40.02
供位	2.78	0.54-3.68	1.93	1.89
内室	4.95	2.10-9.00	4.26	4.13
晒台	10.83	1.53-29.04	8.80	5.13
火塘区域	3.04	1.20-3.60	2.43	2.31
主人区域	5.70	1.79-9.00	4.81	4.66
祭祀区域	4.58	1.41-7.22	3.95	3.95
会客区域	10.38	1.88-15.63	7.11	6.90
餐厨区域	7.43	1.46-14.43	5.55	5.39
就寝区域	7.23	1.76-17.23	7.92	7.77
生水区域	1.57	0.54-6.17	2.11	1.46
储藏区域	6.30	1.12-16.86	7.11	6.89

住居平面图

住居功能平面图

036

院落

住居入口

住居整体形象

住居室内

火塘

037	编号	户主姓名	家庭成员姓名及与户主的关系			
	C36	肖赛得（小）	杨安嘎　妻子	肖艾块　次子	肖依新　侄女	
			杨欧烈　母亲	肖尼新　长子		
			赵叶惹　嫂子	肖玲玲　侄女		

项目	结果	范围	平均（分项）	平均（总数）
基本信息				
几代人	3	1-3	2.23	2.21
在册人口	8	1-10	4.62	4.57
常住人口	2	0-9	3.75	3.67
被测身高人性别	男	男/女	-	-
建造年代	2001	1983-2011	-	-
住居层数	2	1-2	-	-
屋顶样式	-	圆/方	-	-
结构材料	木	木/砖	-	-
旱地（单位：亩）	-	0.50-8.00	2.60	1.36
水田（单位：亩）	14.3	4.00-17.60	8.58	4.51
竹子（单位：亩）	0.5	0.20-19.00	3.82	2.84
核桃（单位：亩）	6.6	0.80-24.00	6.88	3.27
茶叶（单位：亩）	2	1.00-25.00	3.59	2.60
杉木（单位：亩）	2	0.70-8.00	2.57	0.82
猪（单位：头）	4	1-15	4.81	3.57
牛（单位：头）	-	1-4	2.14	0.45
鸡（单位：头）	1	1-20	5.18	3.07
鸭（单位：只）	-	1-11	4.56	0.72
猫（单位：只）	-	1	1	0.02
狗（单位：只）	-	1	1	0.07
长度（单位：mm）				
身高	1660	1350-1710	1578.27	-
坐高	1090	850-1090	984.26	-
入口门高	1700	1400-2040	1723.63	-
晒台门高	1000	785-1880	1186.61	-
墙窗窗洞高	550	300-1230	565.27	-
墙窗下沿高	850	100-1300	822	-

位置图

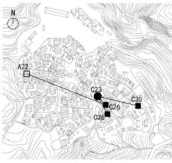

C23 肖艾门
C36 肖赛得
C30 肖艾新
C26 肖岩灭
A22 肖尼不勒

亲属关系位置图

项目	结果	范围	平均（分项）	平均（总数）
墙窗上沿高	1430	1170-1950	1406.48	-
顶窗窗洞高	-	300-1400	1031.43	-
顶窗下沿高	-	730-1500	1027.50	-
顶窗上下沿进深	-	500-1800	1007.14	-
室内梁高	2000	1640-2550	2017.86	-
火塘上架子高	1300	1200-1650	1447.50	-
面积（单位：㎡）				
院子	247.25	96.50-159.63	235.64	235.64
住居	69.10	28.16-110.52	59.12	59.12
晾晒	47.57	6.11-106.15	43.10	40.54
种植	9.76	1.29-274.76	33.03	15.37
用水	4.35	0.38-9.80	3.02	2.90
饲养	34.80	2.20-75.17	18.92	17.98
附属	-	3.36-28.58	14.45	2.86
加建	-	4.81-50.00	23.81	2.59
前室平台	7.69	2.15-13.80	6.43	5.41
起居室	48.17	22.31-70.03	40.02	40.02
供位	2.92	0.54-3.68	1.93	1.89
内室	4.68	2.10-9.00	4.26	4.13
晒台	8.10	1.53-29.04	8.80	5.13
火塘区域	3.33	1.20-3.60	2.43	2.31
主人区域	5.28	1.79-9.00	4.81	4.66
祭祀区域	5.63	1.41-7.22	3.95	3.95
会客区域	6.41	1.88-15.63	7.11	6.90
餐厨区域	2.63	1.46-14.43	5.55	5.39
就寝区域	7.76	1.76-17.23	7.92	7.77
生水区域	2.08	0.54-6.17	2.11	1.46
储藏区域	9.76	1.12-16.86	7.11	6.89

住居平面图

住居功能平面图

037

医路

住居入口

住居整体形象

住居室内

火塘

	编号	户主姓名	家庭成员姓名及与户主的关系		
038	C30	肖艾新	杨艾惹 妻子 肖艾不勒 长子 肖尼嘎 次子	肖赛嘎 三子	

项目	结果	范围	平均（分项）	平均（总数）
基本信息				
几代人	2	1-3	2.23	2.21
在册人口	5	1-10	4.62	4.57
常住人口	3	0-9	3.75	3.67
被测身高人性别	男	男/女	-	-
建造年代	1997	1983-2011	-	-
住居层数	2	1-2	-	-
屋顶样式	-	圆/方	-	-
结构材料	木	木/砖	-	-
旱地（单位：亩）	2	0.50-8.00	2.60	1.36
水田（单位：亩）	4.5	4.00-17.60	8.58	4.51
竹子（单位：亩）	1	0.20-19.00	3.82	2.84
核桃（单位：亩）	3	0.80-24.00	6.88	3.27
茶叶（单位：亩）	3	1.00-25.00	3.59	2.60
杉木（单位：亩）	-	0.70-8.00	2.57	0.82
猪（单位：头）	3	1-15	4.81	3.57
牛（单位：头）	-	1-4	2.14	0.45
鸡（单位：头）	3	1-20	5.18	3.07
鸭（单位：只）	-	1-11	4.56	0.72
猫（单位：只）	-	1	1	0.02
狗（单位：只）	-	1	1	0.07
长度(单位：mm)				
身高	1620	1350-1710	1578.27	-
坐高	1000	850-1090	984.26	-
入口门高	1850	1400-2040	1723.63	-
晒台门高	1100	785-1880	1186.61	-
墙窗窗洞高	470	300-1230	565.27	-
墙窗下沿高	800	100-1300	822	-

位置图

C23 肖艾门
C36 肖赛得
C30 肖艾新
C26 肖岩灭
A22 肖尼不勒

亲属关系位置图

项目	结果	范围	平均（分项）	平均（总数）
墙窗上沿高	-	1170-1950	1406.48	-
顶窗窗洞高	-	300-1400	1031.43	-
顶窗下沿高	-	730-1500	1027.50	-
顶窗上下沿进深	-	500-1800	1007.14	-
室内梁高	2000	1640-2550	2017.86	-
火塘上架子高	1500	1200-1650	1447.50	-
面积（单位：㎡）				
院子		96.50-159.63	235.64	235.64
住居		28.16-110.52	59.12	59.12
晾晒		6.11-106.15	43.10	40.54
种植		1.29-274.76	33.03	15.37
用水		0.38-9.80	3.02	2.90
饲养		2.20-75.17	18.92	17.98
附属		3.36-28.58	14.45	2.86
加建		4.81-50.00	23.81	2.59
前室平台		2.15-13.80	6.43	5.41
起居室		22.31-70.03	40.02	40.02
供位		0.54-3.68	1.93	1.89
内室		2.10-9.00	4.26	4.13
晒台		1.53-29.04	8.80	5.13
火塘区域		1.20-3.60	2.43	2.31
主人区域		1.79-9.00	4.81	4.66
祭祀区域		1.41-7.22	3.95	3.95
会客区域		1.88-15.63	7.11	6.90
餐厨区域		1.46-14.43	5.55	5.39
就寝区域		1.76-17.23	7.92	7.77
生水区域		0.54-6.17	2.11	1.46
储藏区域		1.12-16.86	7.11	6.89

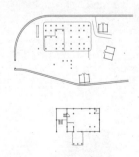

住居平面图

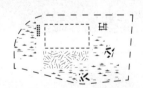

住居功能平面图

038

院落

住居入口

住居整体形象

住居室内

火塘

039

编号	户主姓名	家庭成员姓名及与户主的关系		
C26	肖岩灭	赵艾恩	母亲	不　详　儿媳
		李叶帅	妻子	
		肖志成	长子	

项目	结果	范围	平均（分项）	平均（总数）
基本信息				
几代人	3	1-3	2.23	2.21
在册人口	5	1-10	4.62	4.57
常住人口	5	0-9	3.75	3.67
被测身高人性别	男	男/女	-	-
建造年代	2001	1983-2011	-	-
住居层数	2	1-2	-	-
屋顶样式	-	圆/方	-	-
结构材料	木	木/砖	-	-
旱地（单位：亩）	-	0.50-8.00	2.60	1.36
水田（单位：亩）	14	4.00-17.60	8.58	4.51
竹子（单位：亩）	11	0.20-19.00	3.82	2.84
核桃（单位：亩）	13	0.80-24.00	6.88	3.27
茶叶（单位：亩）	2	1.00-25.00	3.59	2.60
杉木（单位：亩）	-	0.70-8.00	2.57	0.82
猪（单位：头）	4	1-15	4.81	3.57
牛（单位：头）	-	1-4	2.14	0.45
鸡（单位：头）	5	1-20	5.18	3.07
鸭（单位：只）	-	1-11	4.56	0.72
猫（单位：只）	-	1	1	0.02
狗（单位：只）	-	1	1	0.07
长度(单位：mm)				
身高	1550	1350-1710	1578.27	-
坐高	960	850-1090	984.26	-
入口门高	1870	1400-2040	1723.63	-
晒台门高	1880	785-1880	1186.61	-
墙窗窗洞高	800	300-1230	565.27	-
墙窗下沿高	1000	100-1300	822	-

位置图

亲属关系位置图

C23 肖艾门
C36 肖赛得
C30 肖艾新
C26 肖岩灭
A22 肖尼不勒

项目	结果	范围	平均（分项）	平均（总数）
墙窗上沿高	1950	1170-1950	1406.48	-
顶窗窗洞高	-	300-1400	1031.43	-
顶窗下沿高	-	730-1500	1027.50	-
顶窗上下沿进深	-	500-1800	1007.14	-
室内梁高	2200	1640-2550	2017.86	-
火塘上架子高	1550	1200-1650	1447.50	-
面积（单位：㎡)				
院子	212.06	96.50-159.63	235.64	235.64
住居	71.40	28.16-110.52	59.12	59.12
晾晒	50.82	6.11-106.15	43.10	40.54
种植	-	1.29-274.76	33.03	15.37
用水	1.79	0.38-9.80	3.02	2.90
饲养	43.59	2.20-75.17	18.92	17.98
附属	-	3.36-28.58	14.45	2.86
加建	-	4.81-50.00	23.81	2.59
前室平台	5.40	2.15-13.80	6.43	5.41
起居室	44.96	22.31-70.03	40.02	40.02
供位	1.50	0.54-3.68	1.93	1.89
内室	5.88	2.10-9.00	4.26	4.13
晒台	10.22	1.53-29.04	8.80	5.13
火塘区域	3.44	1.20-3.60	2.43	2.31
主人区域	6.34	1.79-9.00	4.81	4.66
祭祀区域	3.78	1.41-7.22	3.95	3.95
会客区域	6.89	1.88-15.63	7.11	6.90
餐厨区域	9.61	1.46-14.43	5.55	5.39
就寝区域	6.83	1.76-17.23	7.92	7.77
生水区域	2.21	0.54-6.17	2.11	1.46
储藏区域	11.16	1.12-16.86	7.11	6.89

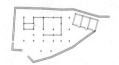

住居平面图

住居功能平面图

039

院落

住居入口

住居整体形象

住居室内

火塘

040

编号	户主姓名	家庭成员姓名及与户主的关系
A22	肖尼不勒	李安倒　妻子 肖叶伞　长女 肖依块　次女

项目	结果	范围	平均（分项）	平均（总数）
基本信息				
几代人	2	1-3	2.23	2.21
在册人口	4	1-10	4.62	4.57
常住人口	4	0-9	3.75	3.67
被测身高人性别	男	男/女	-	-
建造年代	2004	1983-2011	-	-
住居层数	2	1-2	-	-
屋顶样式	圆	圆/方	-	-
结构材料	木	木/砖	-	-
旱地（单位：亩）	2	0.50-8.00	2.60	1.36
水田（单位：亩）	-	4.00-17.60	8.58	4.51
竹子（单位：亩）	3	0.20-19.00	3.82	2.84
核桃（单位：亩）	-	0.80-24.00	6.88	3.27
茶叶（单位：亩）	2	1.00-25.00	3.59	2.60
杉木（单位：亩）	-	0.70-8.00	2.57	0.82
猪（单位：头）	2	1-15	4.81	3.57
牛（单位：头）	-	1-4	2.14	0.45
鸡（单位：头）	-	1-20	5.18	3.07
鸭（单位：只）	5	1-11	4.56	0.72
猫（单位：只）	-	1	1	0.02
狗（单位：只）	-	1	1	0.07
长度(单位：mm)				
身高	1630	1350-1710	1578.27	-
坐高	1040	850-1090	984.26	-
入口门高	1770	1400-2040	1723.63	-
晒台门高	-	785-1880	1186.61	-
墙窗窗洞高	-	300-1230	565.27	-
墙窗下沿高	-	100-1300	822	-

位置图

亲属关系位置图

C23 肖艾门
C36 肖赛得
C30 肖艾新
C26 肖岩灭
A22 肖尼不勒

项目	结果	范围	平均（分项）	平均（总数）
墙窗上沿高	-	1170-1950	1406.48	-
顶窗窗洞高	1280	300-1400	1031.43	-
顶窗下沿高	970	730-1500	1027.50	-
顶窗上下沿进深	1160	500-1800	1007.14	-
室内梁高	2060	1640-2550	2017.86	-
火塘上架子高	1200	1200-1650	1447.50	-
面积（单位：㎡）				
院子	194.32	96.50-159.63	235.64	235.64
住居	64.06	28.16-110.52	59.12	59.12
晾晒	39.43	6.11-106.15	43.10	40.54
种植	2.69	1.29-274.76	33.03	15.37
用水	2.56	0.38-9.80	3.02	2.90
饲养	8.82	2.20-75.17	18.92	17.98
附属	-	3.36-28.58	14.45	2.86
加建	-	4.81-50.00	23.81	2.59
前室平台	6.58	2.15-13.80	6.43	5.41
起居室	35.59	22.31-70.03	40.02	40.02
供位	2.56	0.54-3.68	1.93	1.89
内室	3.64	2.10-9.00	4.26	4.13
晒台	-	1.53-29.04	8.80	5.13
火塘区域	1.94	1.20-3.60	2.43	2.31
主人区域	2.81	1.79-9.00	4.81	4.66
祭祀区域	4.19	1.41-7.22	3.95	3.95
会客区域	6.13	1.88-15.63	7.11	6.90
餐厨区域	4.79	1.46-14.43	5.55	5.39
就寝区域	2.70	1.76-17.23	7.92	7.77
生水区域	-	0.54-6.17	2.11	1.46
储藏区域	8.11	1.12-16.86	7.11	6.89

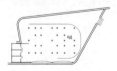

住居平面图

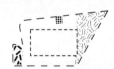

住居功能平面图

院落

住居入口

住居整体形象

住居室内

火塘

	编号	户主姓名	家庭成员姓名及与户主的关系			

041

编号 C35

户主姓名 肖尼不勒 （肖强）

家庭成员姓名及与户主的关系
不 详	父亲	肖岩惹	儿子
不 详	母亲	肖尼茸	儿子
李安帅	妻子	肖三木茸	儿子

项目	结果	范围	平均（分项）	平均（总数）
基本信息				
几代人	3	1-3	2.23	2.21
在册人口	7	1-10	4.62	4.57
常住人口	4	0-9	3.75	3.67
被测身高人性别	男	男/女	-	-
建造年代	2002	1983-2011	-	-
住居层数	2	1-2	-	-
屋顶样式	-	圆/方	-	-
结构材料	木	木/砖	-	-
旱地（单位：亩）	5.2	0.50-8.00	2.60	1.36
水田（单位：亩）	8.9	4.00-17.60	8.58	4.51
竹子（单位：亩）	2	0.20-19.00	3.82	2.84
核桃（单位：亩）	3.9	0.80-24.00	6.88	3.27
茶叶（单位：亩）	5.2	1.00-25.00	3.59	2.60
杉木（单位：亩）	1.9	0.70-8.00	2.57	0.82
猪（单位：头）	3	1-15	4.81	3.57
牛（单位：头）	2	1-4	2.14	0.45
鸡（单位：头）	3	1-20	5.18	3.07
鸭（单位：只）	-	1-11	4.56	0.72
猫（单位：只）	-	1	1	0.02
狗（单位：只）	-	1	1	0.07
长度(单位：mm)				
身高	1680	1350-1710	1578.27	-
坐高	970	850-1090	984.26	-
入口门高	1700	1400-2040	1723.63	-
晒台门高	1200	785-1880	1186.61	-
墙窗窗洞高	540	300-1230	565.27	-
墙窗下沿高	670	100-1300	822	-

位置图

C35 肖尼不勒

C35 肖尼不勒
C32 肖尼不勒
A16 肖尼不老
A12 肖尼不老
A26 赵艾来

亲属关系位置图

项目	结果	范围	平均（分项）	平均（总数）
墙窗上沿高	1400	1170-1950	1406.48	-
顶窗窗洞高	-	300-1400	1031.43	-
顶窗下沿高	-	730-1500	1027.50	-
顶窗上下沿进深	-	500-1800	1007.14	-
室内梁高	1970	1640-2550	2017.86	-
火塘上架子高	1340	1200-1650	1447.50	-
面积（单位：㎡）				
院子	301.30	96.50-159.63	235.64	235.64
住居	52.08	28.16-110.52	59.12	59.12
晾晒	29.26	6.11-106.15	43.10	40.54
种植	-	1.29-274.76	33.03	15.37
用水	2.10	0.38-9.80	3.02	2.90
饲养	14.40	2.20-75.17	18.92	17.98
附属	19.80	3.36-28.58	14.45	2.86
加建	-	4.81-50.00	23.81	2.59
前室平台	2.65	2.15-13.80	6.43	5.41
起居室	42.75	22.31-70.03	40.02	40.02
供位	2.25	0.54-3.68	1.93	1.89
内室	3.60	2.10-9.00	4.26	4.13
晒台	8.35	1.53-29.04	8.80	5.13
火塘区域	2.88	1.20-3.60	2.43	2.31
主人区域	4.38	1.79-9.00	4.81	4.66
祭祀区域	4.47	1.41-7.22	3.95	3.95
会客区域	4.81	1.88-15.63	7.11	6.90
餐厨区域	4.12	1.46-14.43	5.55	5.39
就寝区域	8.31	1.76-17.23	7.92	7.77
生水区域	-	0.54-6.17	2.11	1.46
储藏区域	5.70	1.12-16.86	7.11	6.89

住居平面图

住居功能平面图

041

院落

住居入口

住居整体形象

住居室内

火塘

编号	户主姓名	家庭成员姓名及与户主的关系
C32	肖尼不勒 （肖卫林）	王红花　　妻子 肖成明　　长子 肖成新　　次子

项目	结果	范围	平均（分项）	平均（总数）
基本信息				
几代人	2	1-3	2.23	2.21
在册人口	4	1-10	4.62	4.57
常住人口	4	0-9	3.75	3.67
被测身高人性别	男	男/女	-	-
建造年代	2006	1983-2011	-	-
住居层数	2	1-2	-	-
屋顶样式	-	圆/方	-	-
结构材料	木	木/砖	-	-
旱地（单位：亩）	-	0.50-8.00	2.60	1.36
水田（单位：亩）	7.6	4.00-17.60	8.58	4.51
竹子（单位：亩）	8.8	0.20-19.00	3.82	2.84
核桃（单位：亩）	13	0.80-24.00	6.88	3.27
茶叶（单位：亩）	2.1	1.00-25.00	3.59	2.60
杉木（单位：亩）	1.5	0.70-8.00	2.57	0.82
猪（单位：头）	4	1-15	4.81	3.57
牛（单位：头）	-	1-4	2.14	0.45
鸡（单位：头）	2	1-20	5.18	3.07
鸭（单位：只）	-	1-11	4.56	0.72
猫（单位：只）	-	1	1	0.02
狗（单位：只）	-	1	1	0.07
长度(单位：mm)				
身高	1580	1350-1710	1578.27	-
坐高	970	850-1090	984.26	-
入口门高	1800	1400-2040	1723.63	-
晒台门高	1100	785-1880	1186.61	-
墙窗窗洞高	-	300-1230	565.27	-
墙窗下沿高	-	100-1300	822	-

位置图

亲属关系位置图

C35　肖尼不勒
C32　肖尼不勒
A16　肖尼不老
A12　肖尼不老
A26　赵艾来

项目	结果	范围	平均（分项）	平均（总数）
墙窗上沿高	1200	1170-1950	1406.48	-
顶窗窗洞高	-	300-1400	1031.43	-
顶窗下沿高	-	730-1500	1027.50	-
顶窗上下沿进深	-	500-1800	1007.14	-
室内梁高	2100	1640-2550	2017.86	-
火塘上架子高	1370	1200-1650	1447.50	-
面积（单位：㎡）				
院子	279.95	96.50-159.63	235.64	235.64
住居	69.31	28.16-110.52	59.12	59.12
晾晒	39.03	6.11-106.15	43.10	40.54
种植	7.67	1.29-274.76	33.03	15.37
用水	3.52	0.38-9.80	3.02	2.90
饲养	19.18	2.20-75.17	18.92	17.98
附属	12.00	3.36-28.58	14.45	2.86
加建	-	4.81-50.00	23.81	2.59
前室平台	7.00	2.15-13.80	6.43	5.41
起居室	43.28	22.31-70.03	40.02	40.02
供位	2.55	0.54-3.68	1.93	1.89
内室	4.42	2.10-9.00	4.26	4.13
晒台	7.98	1.53-29.04	8.80	5.13
火塘区域	3.60	1.20-3.60	2.43	2.31
主人区域	4.68	1.79-9.00	4.81	4.66
祭祀区域	4.81	1.41-7.22	3.95	3.95
会客区域	10.35	1.88-15.63	7.11	6.90
餐厨区域	8.00	1.46-14.43	5.55	5.39
就寝区域	5.09	1.76-17.23	7.92	7.77
生水区域	4.00	0.54-6.17	2.11	1.46
储藏区域	5.50	1.12-16.86	7.11	6.89

住居平面图

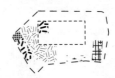

住居功能平面图

院落

住居入口

住居整体形象

住居室内

火塘

043

编号	户主姓名	家庭成员姓名及与户主的关系
A16	肖尼不老	不 详 妻子 不 详 长女 不 详 弟弟 不 详 长子

项目	结果	范围	平均（分项）	平均（总数）
基本信息				
几代人	2	1-3	2.23	2.21
在册人口	5	1-10	4.62	4.57
常住人口	4	0-9	3.75	3.67
被测身高人性别	男	男/女	-	-
建造年代	2004	1983-2011	-	-
住居层数	2	1-2	-	-
屋顶样式	-	圆/方	-	-
结构材料	木	木/砖	-	-
旱地（单位：亩）	-	0.50-8.00	2.60	1.36
水田（单位：亩）	-	4.00-17.60	8.58	4.51
竹子（单位：亩）	-	0.20-19.00	3.82	2.84
核桃（单位：亩）	-	0.80-24.00	6.88	3.27
茶叶（单位：亩）	-	1.00-25.00	3.59	2.60
杉木（单位：亩）	-	0.70-8.00	2.57	0.82
猪（单位：头）	11	1-15	4.81	3.57
牛（单位：头）	2	1-4	2.14	0.45
鸡（单位：头）	2	1-20	5.18	3.07
鸭（单位：只）	-	1-11	4.56	0.72
猫（单位：只）	-	1	1	0.02
狗（单位：只）	-	1	1	0.07
长度(单位：mm)				
身高	1550	1350-1710	1578.27	-
坐高	1000	850-1090	984.26	-
入口门高	1800	1400-2040	1723.63	-
晒台门高	900	785-1880	1186.61	-
墙窗窗洞高	450	300-1230	565.27	-
墙窗下沿高	600	100-1300	822	-

位置图

亲属关系位置图

C35 肖尼不勒
C32 肖尼不勒
A16 肖尼不老
A12 肖尼不老
A26 赵艾来

200

项目	结果	范围	平均（分项）	平均（总数）
墙窗上沿高	1200	1170-1950	1406.48	-
顶窗窗洞高	-	300-1400	1031.43	-
顶窗下沿高	-	730-1500	1027.50	-
顶窗上下沿进深	-	500-1800	1007.14	-
室内梁高	2050	1640-2550	2017.86	-
火塘上架子高	1600	1200-1650	1447.50	-
面积（单位：㎡）				
院子	138.80	96.50-159.63	235.64	235.64
住居	52.79	28.16-110.52	59.12	59.12
晾晒	27.98	6.11-106.15	43.10	40.54
种植	-	1.29-274.76	33.03	15.37
用水	2.52	0.38-9.80	3.02	2.90
饲养	5.94	2.20-75.17	18.92	17.98
附属	-	3.36-28.58	14.45	2.86
加建	-	4.81-50.00	23.81	2.59
前室平台	5.63	2.15-13.80	6.43	5.41
起居室	31.40	22.31-70.03	40.02	40.02
供位	1.74	0.54-3.68	1.93	1.89
内室	3.63	2.10-9.00	4.26	4.13
晒台	2.73	1.53-29.04	8.80	5.13
火塘区域	1.88	1.20-3.60	2.43	2.31
主人区域	4.80	1.79-9.00	4.81	4.66
祭祀区域	3.83	1.41-7.22	3.95	3.95
会客区域	6.57	1.88-15.63	7.11	6.90
餐厨区域	6.00	1.46-14.43	5.55	5.39
就寝区域	7.72	1.76-17.23	7.92	7.77
生水区域	-	0.54-6.17	2.11	1.46
储藏区域	3.24	1.12-16.86	7.11	6.89

住居平面图

住居功能平面图

043

院落

住居入口

住居整体形象

住居室内

火塘

044

编号	户主姓名	家庭成员姓名及与户主的关系			
A12	肖尼不老	不 详	妻子	不 详	女儿
		不 详	儿子		
		不 详	儿媳		

项目	结果	范围	平均（分项）	平均（总数）
基本信息				
几代人	2	1-3	2.23	2.21
在册人口	5	1-10	4.62	4.57
常住人口	5	0-9	3.75	3.67
被测身高人性别	男	男 / 女	-	-
建造年代	1996	1983-2011	-	-
住居层数	2	1-2	-	-
屋顶样式	-	圆 / 方	-	-
结构材料	木	木 / 砖	-	-
旱地（单位：亩）	-	0.50-8.00	2.60	1.36
水田（单位：亩）	-	4.00-17.60	8.58	4.51
竹子（单位：亩）	-	0.20-19.00	3.82	2.84
核桃（单位：亩）	-	0.80-24.00	6.88	3.27
茶叶（单位：亩）	-	1.00-25.00	3.59	2.60
杉木（单位：亩）	-	0.70-8.00	2.57	0.82
猪（单位：头）	1	1-15	4.81	3.57
牛（单位：头）	-	1-4	2.14	0.45
鸡（单位：头）	-	1-20	5.18	3.07
鸭（单位：只）	4	1-11	4.56	0.72
猫（单位：只）	-	1	1	0.02
狗（单位：只）	-	1	1	0.07
长度(单位：mm)				
身高	1580	1350-1710	1578.27	-
坐高	1010	850-1090	984.26	-
入口门高	1710	1400-2040	1723.63	-
晒台门高	1700	785-1880	1186.61	-
墙窗窗洞高	800	300-1230	565.27	-
墙窗下沿高	900	100-1300	822	-

位置图

C35　肖尼不勒
C32　肖尼不勒
A16　肖尼不老
A12　肖尼不老
A26　赵艾来

亲属关系位置图

项目	结果	范围	平均（分项）	平均（总数）
墙窗上沿高	-	1170-1950	1406.48	-
顶窗窗洞高	-	300-1400	1031.43	-
顶窗下沿高	-	730-1500	1027.50	-
顶窗上下沿进深	-	500-1800	1007.14	-
室内梁高	2000	1640-2550	2017.86	-
火塘上架子高	1500	1200-1650	1447.50	-
面积（单位：㎡）				
院子	176.91	96.50-159.63	235.64	235.64
住居	52.75	28.16-110.52	59.12	59.12
晾晒	21.71	6.11-106.15	43.10	40.54
种植	2.23	1.29-274.76	33.03	15.37
用水	3.29	0.38-9.80	3.02	2.90
饲养	3.51	2.20-75.17	18.92	17.98
附属	-	3.36-28.58	14.45	2.86
加建	-	4.81-50.00	23.81	2.59
前室平台	8.04	2.15-13.80	6.43	5.41
起居室	37.24	22.31-70.03	40.02	40.02
供位	0.90	0.54-3.68	1.93	1.89
内室	3.31	2.10-9.00	4.26	4.13
晒台	8.55	1.53-29.04	8.80	5.13
火塘区域	1.80	1.20-3.60	2.43	2.31
主人区域	3.80	1.79-9.00	4.81	4.66
祭祀区域	3.71	1.41-7.22	3.95	3.95
会客区域	5.60	1.88-15.63	7.11	6.90
餐厨区域	3.05	1.46-14.43	5.55	5.39
就寝区域	6.85	1.76-17.23	7.92	7.77
生水区域	1.92	0.54-6.17	2.11	1.46
储藏区域	5.01	1.12-16.86	7.11	6.89

住居平面图

住居功能平面图

院落　　　　　　　　　　　　　　　　住居入口

住居整体形象

住居室内

火塘

045

编号	户主姓名	家庭成员姓名及与户主的关系		
A26	赵艾来		母亲	肖梦寺　孙女
		石叶永	儿媳	
		肖岩惹	孙子	

项目	结果	范围	平均（分项）	平均（总数）
基本信息				
几代人	3	1-3	2.23	2.21
在册人口	5	1-10	4.62	4.57
常住人口	1	0-9	3.75	3.67
被测身高人性别	女	男/女	-	-
建造年代	2011	1983-2011	-	-
住居层数	1	1-2	-	-
屋顶样式	-	圆/方	-	-
结构材料	木	木/砖	-	-
旱地（单位：亩）	1	0.50-8.00	2.60	1.36
水田（单位：亩）	-	4.00-17.60	8.58	4.51
竹子（单位：亩）	1	0.20-19.00	3.82	2.84
核桃（单位：亩）	-	0.80-24.00	6.88	3.27
茶叶（单位：亩）	2	1.00-25.00	3.59	2.60
杉木（单位：亩）	-	0.70-8.00	2.57	0.82
猪（单位：头）	-	1-15	4.81	3.57
牛（单位：头）	-	1-4	2.14	0.45
鸡（单位：头）	-	1-20	5.18	3.07
鸭（单位：只）	-	1-11	4.56	0.72
猫（单位：只）	-	1	1	0.02
狗（单位：只）	-	1	1	0.07
长度(单位：mm)				
身高	1430	1350-1710	1578.27	-
坐高	950	850-1090	984.26	-
入口门高	1900	1400-2040	1723.63	-
晒台门高	-	785-1880	1186.61	-
墙窗窗洞高	-	300-1230	565.27	-
墙窗下沿高	-	100-1300	822	-

位置图

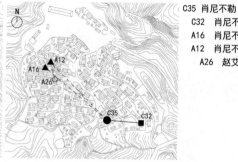

亲属关系位置图

C35　肖尼不勒
C32　肖尼不勒
A16　肖尼不老
A12　肖尼不老
A26　赵艾来

项目	结果	范围	平均（分项）	平均（总数）
墙窗上沿高	1600	1170-1950	1406.48	-
顶窗窗洞高	-	300-1400	1031.43	-
顶窗下沿高	-	730-1500	1027.50	-
顶窗上下沿进深	-	500-1800	1007.14	-
室内梁高	2150	1640-2550	2017.86	-
火塘上架子高	1500	1200-1650	1447.50	-
面积（单位：㎡）				
院子	98.85	96.50-159.63	235.64	235.64
住居	33.12	28.16-110.52	59.12	59.12
晾晒	9.13	6.11-106.15	43.10	40.54
种植	-	1.29-274.76	33.03	15.37
用水	1.28	0.38-9.80	3.02	2.90
饲养	4.95	2.20-75.17	18.92	17.98
附属	-	3.36-28.58	14.45	2.86
加建	-	4.81-50.00	23.81	2.59
前室平台	-	2.15-13.80	6.43	5.41
起居室	36.30	22.31-70.03	40.02	40.02
供位	1.12	0.54-3.68	1.93	1.89
内室	3.24	2.10-9.00	4.26	4.13
晒台	-	1.53-29.04	8.80	5.13
火塘区域	1.67	1.20-3.60	2.43	2.31
主人区域	1.79	1.79-9.00	4.81	4.66
祭祀区域	3.64	1.41-7.22	3.95	3.95
会客区域	6.21	1.88-15.63	7.11	6.90
餐厨区域	4.52	1.46-14.43	5.55	5.39
就寝区域	7.58	1.76-17.23	7.92	7.77
生水区域	1.18	0.54-6.17	2.11	1.46
储藏区域	4.14	1.12-16.86	7.11	6.89

住居平面图

住居功能平面图

045

院落

住居入口

住居整体形象

住居室内

火塘

编号	户主姓名	家庭成员姓名及与户主的关系		

046

C24　肖艾惹

王依门	妻子	肖开心	四子
肖叶门	长女		
肖开明	次子		

项目	结果	范围	平均（分项）	平均（总数）
基本信息				
几代人	2	1-3	2.23	2.21
在册人口	5	1-10	4.62	4.57
常住人口	5	0-9	3.75	3.67
被测身高人性别	男	男/女	-	-
建造年代	1999	1983-2011	-	-
住居层数	2	1-2	-	-
屋顶样式	圆	圆/方	-	-
结构材料	木	木/砖	-	-
旱地（单位：亩）	-	0.50-8.00	2.60	1.36
水田（单位：亩）	9.5	4.00-17.60	8.58	4.51
竹子（单位：亩）	8.8	0.20-19.00	3.82	2.84
核桃（单位：亩）	9.6	0.80-24.00	6.88	3.27
茶叶（单位：亩）	2.5	1.00-25.00	3.59	2.60
杉木（单位：亩）	-	0.70-8.00	2.57	0.82
猪（单位：头）	-	1-15	4.81	3.57
牛（单位：头）	-	1-4	2.14	0.45
鸡（单位：头）	-	1-20	5.18	3.07
鸭（单位：只）	-	1-11	4.56	0.72
猫（单位：只）	-	1	1	0.02
狗（单位：只）	-	1	1	0.07
长度(单位：mm)				
身高	1660	1350-1710	1578.27	-
坐高	1010	850-1090	984.26	-
入口门高	1700	1400-2040	1723.63	-
晒台门高	785	785-1880	1186.61	-
墙窗窗洞高	710	300-1230	565.27	-
墙窗下沿高	900	100-1300	822	-

位置图

C24　肖艾惹
C33　肖尼肯
C29　肖六惹
C34　肖尼不老

亲属关系位置图

项目	结果	范围	平均（分项）	平均（总数）
墙窗上沿高	-	1170-1950	1406.48	-
顶窗窗洞高	-	300-1400	1031.43	-
顶窗下沿高	-	730-1500	1027.50	-
顶窗上下沿进深	-	500-1800	1007.14	-
室内梁高	1900	1640-2550	2017.86	-
火塘上架子高	1600	1200-1650	1447.50	-
面积（单位：㎡）				
院子	224.99	96.50-159.63	235.64	235.64
住居	59.80	28.16-110.52	59.12	59.12
晾晒	62.22	6.11-106.15	43.10	40.54
种植	-	1.29-274.76	33.03	15.37
用水	1.80	0.38-9.80	3.02	2.90
饲养	26.20	2.20-75.17	18.92	17.98
附属	-	3.36-28.58	14.45	2.86
加建	-	4.81-50.00	23.81	2.59
前室平台	7.91	2.15-13.80	6.43	5.41
起居室	45.08	22.31-70.03	40.02	40.02
供位	1.62	0.54-3.68	1.93	1.89
内室	3.24	2.10-9.00	4.26	4.13
晒台	3.08	1.53-29.04	8.80	5.13
火塘区域	3.04	1.20-3.60	2.43	2.31
主人区域	5.16	1.79-9.00	4.81	4.66
祭祀区域	4.50	1.41-7.22	3.95	3.95
会客区域	7.76	1.88-15.63	7.11	6.90
餐厨区域	4.62	1.46-14.43	5.55	5.39
就寝区域	15.84	1.76-17.23	7.92	7.77
生水区域	2.05	0.54-6.17	2.11	1.46
储藏区域	9.39	1.12-16.86	7.11	6.89

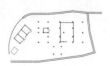

住居平面图

住居功能平面图

院落

住居入口

住居整体形象

住居室内

火塘

编号	户主姓名	家庭成员姓名及与户主的关系	
C33	肖尼肯 （肖志明）	杨叶搞 妻子 肖力英 长女 肖力钢 长子	

项目	结果	范围	平均（分项）	平均（总数）
基本信息				
几代人	2	1-3	2.23	2.21
在册人口	4	1-10	4.62	4.57
常住人口	4	0-9	3.75	3.67
被测身高人性别	男	男／女	-	-
建造年代	2004	1983-2011	-	-
住居层数	1	1-2	-	-
屋顶样式	圆	圆／方	-	-
结构材料	木	木／砖	-	-
旱地（单位：亩）	-	0.50-8.00	2.60	1.36
水田（单位：亩）	9.8	4.00-17.60	8.58	4.51
竹子（单位：亩）	8.8	0.20-19.00	3.82	2.84
核桃（单位：亩）	24	0.80-24.00	6.88	3.27
茶叶（单位：亩）	4.5	1.00-25.00	3.59	2.60
杉木（单位：亩）	-	0.70-8.00	2.57	0.82
猪（单位：头）	3	1-15	4.81	3.57
牛（单位：头）	-	1-4	2.14	0.45
鸡（单位：头）	3	1-20	5.18	3.07
鸭（单位：只）	-	1-11	4.56	0.72
猫（单位：只）		1	1	0.02
狗（单位：只）		1	1	0.07
长度（单位：mm）				
身高	1700	1350-1710	1578.27	-
坐高	1030	850-1090	984.26	-
入口门高	1700	1400-2040	1723.63	-
晒台门高	-	785-1880	1186.61	-
墙窗窗洞高	450	300-1230	565.27	-
墙窗下沿高	900	100-1300	822	-

位置图

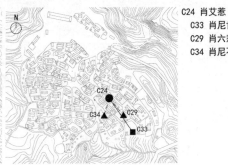

C24 肖艾惹
C33 肖尼肯
C29 肖六惹
C34 肖尼不老

亲属关系位置图

项目	结果	范围	平均（分项）	平均（总数）
墙窗上沿高	1460	1170-1950	1406.48	-
顶窗窗洞高	-	300-1400	1031.43	
顶窗下沿高	-	730-1500	1027.50	
顶窗上下沿进深	-	500-1800	1007.14	
室内梁高	1870	1640-2550	2017.86	-
火塘上架子高	1500	1200-1650	1447.50	-
面积（单位：㎡）				
院子	459.63	96.50-159.63	235.64	235.64
住居	32.90	28.16-110.52	59.12	59.12
晾晒	22.07	6.11-106.15	43.10	40.54
种植	274.76	1.29-274.76	33.03	15.37
用水	2.66	0.38-9.80	3.02	2.90
饲养	6.45	2.20-75.17	18.92	17.98
附属	15.47	3.36-28.58	14.45	2.86
加建	-	4.81-50.00	23.81	2.59
前室平台	-	2.15-13.80	6.43	5.41
起居室	42.37	22.31-70.03	40.02	40.02
供位	0.70	0.54-3.68	1.93	1.89
内室	3.84	2.10-9.00	4.26	4.13
晒台	-	1.53-29.04	8.80	5.13
火塘区域	2.16	1.20-3.60	2.43	2.31
主人区域	2.40	1.79-9.00	4.81	4.66
祭祀区域	3.54	1.41-7.22	3.95	3.95
会客区域	4.64	1.88-15.63	7.11	6.90
餐厨区域	3.51	1.46-14.43	5.55	5.39
就寝区域	6.95	1.76-17.23	7.92	7.77
生水区域	0.65	0.54-6.17	2.11	1.46
储藏区域	3.02	1.12-16.86	7.11	6.89

住居平面图

住居功能平面图

院落

住居入口

住居整体形象

住居室内   火塘

048

编号	户主姓名	家庭成员姓名及与户主的关系			
C29	肖六惹	李因帅	妻子	肖叶惹	孙女
		肖尼勐	长子	肖艾那	孙子
		李叶倒	儿媳	肖尼倒	孙子

项目	结果	范围	平均（分项）	平均（总数）
基本信息				
几代人	3	1-3	2.23	2.21
在册人口	7	1-10	4.62	4.57
常住人口	7	0-9	3.75	3.67
被测身高人性别	男	男/女	-	-
建造年代	2000	1983-2011	-	-
住居层数	2	1-2	-	-
屋顶样式	-	圆/方	-	-
结构材料	木	木/砖	-	-
旱地（单位：亩）	1	0.50-8.00	2.60	1.36
水田（单位：亩）	17.6	4.00-17.60	8.58	4.51
竹子（单位：亩）	5	0.20-19.00	3.82	2.84
核桃（单位：亩）	6.1	0.80-24.00	6.88	3.27
茶叶（单位：亩）	3	1.00-25.00	3.59	2.60
杉木（单位：亩）	5	0.70-8.00	2.57	0.82
猪（单位：头）	10	1-15	4.81	3.57
牛（单位：头）	2	1-4	2.14	0.45
鸡（单位：头）	15	1-20	5.18	3.07
鸭（单位：只）	10	1-11	4.56	0.72
猫（单位：只）	-	1	1	0.02
狗（单位：只）	-	1	1	0.07
长度(单位：mm)				
身高	1570	1350-1710	1578.27	-
坐高	930	850-1090	984.26	-
入口门高	1700	1400-2040	1723.63	-
晒台门高	1400	785-1880	1186.61	-
墙窗窗洞高	630	300-1230	565.27	-
墙窗下沿高	750	100-1300	822	-

C24 肖艾惹
C33 肖尼肯
C29 肖六惹
C34 肖尼不老

位置图　　　　　　　　亲属关系位置图

项目	结果	范围	平均（分项）	平均（总数）
墙窗上沿高	1550	1170-1950	1406.48	-
顶窗窗洞高	-	300-1400	1031.43	-
顶窗下沿高	-	730-1500	1027.50	-
顶窗上下沿进深	-	500-1800	1007.14	-
室内梁高	2000	1640-2550	2017.86	-
火塘上架子高	1500	1200-1650	1447.50	-
面积（单位：㎡）				
院子	370.56	96.50-159.63	235.64	235.64
住居	79.56	28.16-110.52	59.12	59.12
晾晒	90.46	6.11-106.15	43.10	40.54
种植	21.30	1.29-274.76	33.03	15.37
用水	3.78	0.38-9.80	3.02	2.90
饲养	69.61	2.20-75.17	18.92	17.98
附属	19.84	3.36-28.58	14.45	2.86
加建	-	4.81-50.00	23.81	2.59
前室平台	8.25	2.15-13.80	6.43	5.41
起居室	52.08	22.31-70.03	40.02	40.02
供位	1.70	0.54-3.68	1.93	1.89
内室	6.71	2.10-9.00	4.26	4.13
晒台	-	1.53-29.04	8.80	5.13
火塘区域	3.13	1.20-3.60	2.43	2.31
主人区域	7.24	1.79-9.00	4.81	4.66
祭祀区域	4.14	1.41-7.22	3.95	3.95
会客区域	7.39	1.88-15.63	7.11	6.90
餐厨区域	8.14	1.46-14.43	5.55	5.39
就寝区域	16.37	1.76-17.23	7.92	7.77
生水区域	3.00	0.54-6.17	2.11	1.46
储藏区域	5.96	1.12-16.86	7.11	6.89

住居平面图

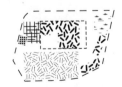

住居功能平面图

048

院落

住居入口

住居整体形象

住居室内

火塘

049

编号	户主姓名	家庭成员姓名及与户主的关系		
C34	肖尼不老			

项目	结果	范围	平均（分项）	平均（总数）
基本信息				
几代人	1	1-3	2.23	2.21
在册人口	1	1-10	4.62	4.57
常住人口	1	0-9	3.75	3.67
被测身高人性别	男	男/女	-	-
建造年代	2005	1983-2011	-	-
住居层数	2	1-2	-	-
屋顶样式	圆	圆/方	-	-
结构材料	木	木/砖	-	-
旱地（单位：亩）	-	0.50-8.00	2.60	1.36
水田（单位：亩）	-	4.00-17.60	8.58	4.51
竹子（单位：亩）	-	0.20-19.00	3.82	2.84
核桃（单位：亩）	-	0.80-24.00	6.88	3.27
茶叶（单位：亩）	-	1.00-25.00	3.59	2.60
杉木（单位：亩）	-	0.70-8.00	2.57	0.82
猪（单位：头）	-	1-15	4.81	3.57
牛（单位：头）	-	1-4	2.14	0.45
鸡（单位：头）	-	1-20	5.18	3.07
鸭（单位：只）	-	1-11	4.56	0.72
猫（单位：只）	-	1	1	0.02
狗（单位：只）	-	1	1	0.07
长度(单位：mm)				
身高	1650	1350-1710	1578.27	-
坐高	970	850-1090	984.26	-
入口门高	1670	1400-2040	1723.63	-
晒台门高	-	785-1880	1186.61	-
墙窗窗洞高	-	300-1230	565.27	-
墙窗下沿高	-	100-1300	822	-

位置图

亲属关系位置图

C24 肖艾惹
C33 肖尼肯
C29 肖六惹
C34 肖尼不老

项目	结果	范围	平均（分项）	平均（总数）
墙窗上沿高	-	1170-1950	1406.48	-
顶窗窗洞高	1070	300-1400	1031.43	-
顶窗下沿高	790	730-1500	1027.50	-
顶窗上下沿进深	900	500-1800	1007.14	-
室内梁高	1950	1640-2550	2017.86	-
火塘上架子高	1540	1200-1650	1447.50	-
面积（单位：㎡）				
院子	215.24	96.50-159.63	235.64	235.64
住居	43.23	28.16-110.52	59.12	59.12
晾晒	29.45	6.11-106.15	43.10	40.54
种植	2.64	1.29-274.76	33.03	15.37
用水	2.38	0.38-9.80	3.02	2.90
饲养	25.23	2.20-75.17	18.92	17.98
附属	-	3.36-28.58	14.45	2.86
加建	-	4.81-50.00	23.81	2.59
前室平台	5.64	2.15-13.80	6.43	5.41
起居室	37.21	22.31-70.03	40.02	40.02
供位	0.54	0.54-3.68	1.93	1.89
内室	3.22	2.10-9.00	4.26	4.13
晒台	-	1.53-29.04	8.80	5.13
火塘区域	2.38	1.20-3.60	2.43	2.31
主人区域	5.12	1.79-9.00	4.81	4.66
祭祀区域	3.29	1.41-7.22	3.95	3.95
会客区域	5.48	1.88-15.63	7.11	6.90
餐厨区域	2.80	1.46-14.43	5.55	5.39
就寝区域	9.70	1.76-17.23	7.92	7.77
生水区域	0.68	0.54-6.17	2.11	1.46
储藏区域	8.77	1.12-16.86	7.11	6.89

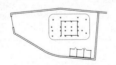

住居平面图

住居功能平面图

049

院落　　　　　　　　　　　　住居入口

住居整体形象

住居室内

火塘

编号	户主姓名	家庭成员姓名及与户主的关系
B07	肖尼到	不 详　妻子 不 详　儿子

项目	结果	范围	平均（分项）	平均（总数）
基本信息				
几代人	2	1-3	2.23	2.21
在册人口	3	1-10	4.62	4.57
常住人口	2	0-9	3.75	3.67
被测身高人性别	男	男/ 女	-	-
建造年代	2004	1983-2011	-	-
住居层数	2	1-2	-	-
屋顶样式	-	圆/ 方	-	-
结构材料	木	木/ 砖	-	-
旱地（单位：亩）	-	0.50-8.00	2.60	1.36
水田（单位：亩）	-	4.00-17.60	8.58	4.51
竹子（单位：亩）	-	0.20-19.00	3.82	2.84
核桃（单位：亩）	-	0.80-24.00	6.88	3.27
茶叶（单位：亩）	-	1.00-25.00	3.59	2.60
杉木（单位：亩）	-	0.70-8.00	2.57	0.82
猪（单位：头）	5	1-15	4.81	3.57
牛（单位：头）	-	1-4	2.14	0.45
鸡（单位：头）	-	1-20	5.18	3.07
鸭（单位：只）	4	1-11	4.56	0.72
猫（单位：只）	-	1	1	0.02
狗（单位：只）	-	1	1	0.07
长度（单位：mm）				
身高	1580	1350-1710	1578.27	-
坐高	910	850-1090	984.26	-
入口门高	1700	1400-2040	1723.63	-
晒台门高	1500	785-1880	1186.61	-
墙窗窗洞高	-	300-1230	565.27	-
墙窗下沿高	-	100-1300	822	-

B07 肖尼倒
B20 肖我宽
C06 肖饿决
A28 肖尼社

位置图　　　　　　　　　　亲属关系位置图

项目	结果	范围	平均（分项）	平均（总数）
墙窗上沿高	1370	1170-1950	1406.48	-
顶窗窗洞高	-	300-1400	1031.43	-
顶窗下沿高	-	730-1500	1027.50	-
顶窗上下沿进深	-	500-1800	1007.14	-
室内梁高	2080	1640-2550	2017.86	-
火塘上架子高	1510	1200-1650	1447.50	-
面积（单位：㎡）				
院子	218.69	96.50-159.63	235.64	235.64
住居	68.44	28.16-110.52	59.12	59.12
晾晒	57.64	6.11-106.15	43.10	40.54
种植	13.64	1.29-274.76	33.03	15.37
用水	1.28	0.38-9.80	3.02	2.90
饲养	33.50	2.20-75.17	18.92	17.98
附属	-	3.36-28.58	14.45	2.86
加建	-	4.81-50.00	23.81	2.59
前室平台	8.26	2.15-13.80	6.43	5.41
起居室	45.03	22.31-70.03	40.02	40.02
供位	2.56	0.54-3.68	1.93	1.89
内室	4.29	2.10-9.00	4.26	4.13
晒台	6.08	1.53-29.04	8.80	5.13
火塘区域	2.64	1.20-3.60	2.43	2.31
主人区域	4.87	1.79-9.00	4.81	4.66
祭祀区域	4.80	1.41-7.22	3.95	3.95
会客区域	9.50	1.88-15.63	7.11	6.90
餐厨区域	5.51	1.46-14.43	5.55	5.39
就寝区域	8.67	1.76-17.23	7.92	7.77
生水区域	3.10	0.54-6.17	2.11	1.46
储藏区域	4.41	1.12-16.86	7.11	6.89

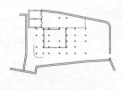

住居平面图

住居功能平面图

050

院落

住居入口

住居整体形象

住居室内

火塘

051

编号	户主姓名	家庭成员姓名及与户主的关系		
B20	肖我宽	不 详	父亲	不 详 儿子
		不 详	母亲	
		不 详	妻子	

项目	结果	范围	平均（分项）	平均（总数）
基本信息				
几代人	2	1-3	2.23	2.21
在册人口	5	1-10	4.62	4.57
常住人口	5	0-9	3.75	3.67
被测身高人性别	女	男/ 女	-	-
建造年代	1998	1983-2011	-	-
住居层数	2	1-2	-	-
屋顶样式	-	圆/ 方	-	-
结构材料	木	木/ 砖	-	-
旱地（单位：亩）	-	0.50-8.00	2.60	1.36
水田（单位：亩）	-	4.00-17.60	8.58	4.51
竹子（单位：亩）	-	0.20-19.00	3.82	2.84
核桃（单位：亩）	-	0.80-24.00	6.88	3.27
茶叶（单位：亩）	-	1.00-25.00	3.59	2.60
杉木（单位：亩）	-	0.70-8.00	2.57	0.82
猪（单位：头）	4	1-15	4.81	3.57
牛（单位：头）	-	1-4	2.14	0.45
鸡（单位：头）	15	1-20	5.18	3.07
鸭（单位：只）	-	1-11	4.56	0.72
猫（单位：只）	-	1	1	0.02
狗（单位：只）	-	1	1	0.07
长度(单位：mm)				
身高	1510	1350-1710	1578.27	-
坐高	920	850-1090	984.26	-
入口门高	1600	1400-2040	1723.63	-
晒台门高	1500	785-1880	1186.61	-
墙窗窗洞高	-	300-1230	565.27	-
墙窗下沿高	-	100-1300	822	-

B07 肖尼倒
B20 肖我宽
C06 肖饿决
A28 肖尼社

位置图

亲属关系位置图

项目	结果	范围	平均（分项）	平均（总数）
墙窗上沿高	-	1170-1950	1406.48	-
顶窗窗洞高	-	300-1400	1031.43	-
顶窗下沿高	-	730-1500	1027.50	-
顶窗上下沿进深	-	500-1800	1007.14	-
室内梁高	2000	1640-2550	2017.86	-
火塘上架子高	1580	1200-1650	1447.50	-
面积（单位：㎡）				
院子	285.66	96.50-159.63	235.64	235.64
住居	55.00	28.16-110.52	59.12	59.12
晾晒	28.99	6.11-106.15	43.10	40.54
种植	20.85	1.29-274.76	33.03	15.37
用水	3.27	0.38-9.80	3.02	2.90
饲养	28.57	2.20-75.17	18.92	17.98
附属	18.15	3.36-28.58	14.45	2.86
加建	-	4.81-50.00	23.81	2.59
前室平台	3.04	2.15-13.80	6.43	5.41
起居室	32.78	22.31-70.03	40.02	40.02
供位	2.02	0.54-3.68	1.93	1.89
内室	4.65	2.10-9.00	4.26	4.13
晒台	8.40	1.53-29.04	8.80	5.13
火塘区域	2.52	1.20-3.60	2.43	2.31
主人区域	4.98	1.79-9.00	4.81	4.66
祭祀区域	3.44	1.41-7.22	3.95	3.95
会客区域	5.98	1.88-15.63	7.11	6.90
餐厨区域	7.36	1.46-14.43	5.55	5.39
就寝区域	4.71	1.76-17.23	7.92	7.77
生水区域	-	0.54-6.17	2.11	1.46
储藏区域	5.67	1.12-16.86	7.11	6.89

住居平面图

住居功能平面图

051

院落

住居入口

住居整体形象

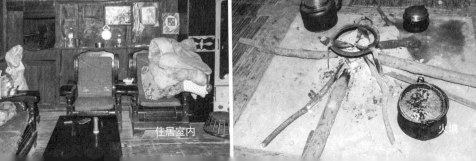

住居室内　　　　　　　　　　　　　　　火塘

052

编号	户主姓名	家庭成员姓名及与户主的关系			
C06	肖俄决	杨叶茸	母亲	肖艾希	长子
		肖欧茸	姐姐	肖三木莫	次子
		杨叶那	妻子	肖饿罗	三子

项目	结果	范围	平均（分项）	平均（总数）
基本信息				
几代人	2	1-3	2.23	2.21
在册人口	7	1-10	4.62	4.57
常住人口	7	0-9	3.75	3.67
被测身高人性别	男	男/女	-	-
建造年代	2001	1983-2011	-	-
住居层数	2	1-2	-	-
屋顶样式	-	圆/方	-	-
结构材料	木	木/砖	-	-
旱地（单位：亩）	-	0.50-8.00	2.60	1.36
水田（单位：亩）	-	4.00-17.60	8.58	4.51
竹子（单位：亩）	4	0.20-19.00	3.82	2.84
核桃（单位：亩）	-	0.80-24.00	6.88	3.27
茶叶（单位：亩）	5	1.00-25.00	3.59	2.60
杉木（单位：亩）	-	0.70-8.00	2.57	0.82
猪（单位：头）	3	1-15	4.81	3.57
牛（单位：头）	-	1-4	2.14	0.45
鸡（单位：头）	4	1-20	5.18	3.07
鸭（单位：只）	-	1-11	4.56	0.72
猫（单位：只）	-	1	1	0.02
狗（单位：只）	-	1	1	0.07
长度(单位：mm)				
身高	1600	1350-1710	1578.27	-
坐高	-	850-1090	984.26	-
入口门高	1750	1400-2040	1723.63	-
晒台门高	1280	785-1880	1186.61	-
墙窗窗洞高	570	300-1230	565.27	-
墙窗下沿高	710	100-1300	822	-

位置图

B07 肖尼倒
B20 肖我宽
C06 肖饿决
A28 肖尼社

亲属关系位置图

项目	结果	范围	平均（分项）	平均（总数）
墙窗上沿高	1450	1170-1950	1406.48	-
顶窗窗洞高	-	300-1400	1031.43	-
顶窗下沿高	-	730-1500	1027.50	-
顶窗上下沿进深	-	500-1800	1007.14	-
室内梁高	2050	1640-2550	2017.86	-
火塘上架子高	1500	1200-1650	1447.50	-
面积（单位：㎡）				
院子	214.26	96.50-159.63	235.64	235.64
住居	68.44	28.16-110.52	59.12	59.12
晾晒	64.03	6.11-106.15	43.10	40.54
种植	26.11	1.29-274.76	33.03	15.37
用水	3.08	0.38-9.80	3.02	2.90
饲养	29.52	2.20-75.17	18.92	17.98
附属	-	3.36-28.58	14.45	2.86
加建	-	4.81-50.00	23.81	2.59
前室平台	7.28	2.15-13.80	6.43	5.41
起居室	41.48	22.31-70.03	40.02	40.02
供位	2.55	0.54-3.68	1.93	1.89
内室	4.42	2.10-9.00	4.26	4.13
晒台	7.64	1.53-29.04	8.80	5.13
火塘区域	3.23	1.20-3.60	2.43	2.31
主人区域	5.51	1.79-9.00	4.81	4.66
祭祀区域	4.87	1.41-7.22	3.95	3.95
会客区域	6.62	1.88-15.63	7.11	6.90
餐厨区域	5.70	1.46-14.43	5.55	5.39
就寝区域	7.46	1.76-17.23	7.92	7.77
生水区域	2.85	0.54-6.17	2.11	1.46
储藏区域	6.45	1.12-16.86	7.11	6.89

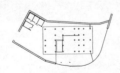

住居平面图

住居功能平面图

院落

住居入口

住居室内

053

编号	户主姓名	家庭成员姓名及与户主的关系			
A28	肖尼社	赵依茸	母亲	肖叶门	长女
		肖三木来	弟弟	肖安那	次女
		赵依勒	妻子		

项目	结果	范围	平均（分项）	平均（总数）
基本信息				
几代人	3	1-3	2.23	2.21
在册人口	6	1-10	4.62	4.57
常住人口	6	0-9	3.75	3.67
被测身高人性别	女	男/女	-	-
建造年代	1996	1983-2011	-	-
住居层数	2	1-2	-	-
屋顶样式	-	圆/方	-	-
结构材料	木	木/砖	-	-
旱地（单位：亩）	2	0.50-8.00	2.60	1.36
水田（单位：亩）	-	4.00-17.60	8.58	4.51
竹子（单位：亩）	15	0.20-19.00	3.82	2.84
核桃（单位：亩）	-	0.80-24.00	6.88	3.27
茶叶（单位：亩）	5	1.00-25.00	3.59	2.60
杉木（单位：亩）	-	0.70-8.00	2.57	0.82
猪（单位：头）	-	1-15	4.81	3.57
牛（单位：头）	-	1-4	2.14	0.45
鸡（单位：头）	-	1-20	5.18	3.07
鸭（单位：只）	-	1-11	4.56	0.72
猫（单位：只）	-	1	1	0.02
狗（单位：只）	-	1	1	0.07
长度（单位：mm）				
身高	1470	1350-1710	1578.27	-
坐高	940	850-1090	984.26	-
入口门高	1800	1400-2040	1723.63	-
晒台门高	1025	785-1880	1186.61	-
墙窗窗洞高	450	300-1230	565.27	-
墙窗下沿高	780	100-1300	822	-

位置图

B07 肖尼倒
B20 肖我宽
C06 肖饿决
A28 肖尼社

亲属关系位置图

240

项目	结果	范围	平均（分项）	平均（总数）
墙窗上沿高	1500	1170-1950	1406.48	-
顶窗窗洞高	-	300-1400	1031.43	-
顶窗下沿高	-	730-1500	1027.50	-
顶窗上下沿进深	-	500-1800	1007.14	-
室内梁高	2100	1640-2550	2017.86	-
火塘上架子高	1400	1200-1650	1447.50	-
面积（单位：㎡）				
院子	250.72	96.50-159.63	235.64	235.64
住居	72.00	28.16-110.52	59.12	59.12
晾晒	93.69	6.11-106.15	43.10	40.54
种植	-	1.29-274.76	33.03	15.37
用水	2.57	0.38-9.80	3.02	2.90
饲养	33.75	2.20-75.17	18.92	17.98
附属	-	3.36-28.58	14.45	2.86
加建	-	4.81-50.00	23.81	2.59
前室平台	4.54	2.15-13.80	6.43	5.41
起居室	45.06	22.31-70.03	40.02	40.02
供位	1.98	0.54-3.68	1.93	1.89
内室	3.60	2.10-9.00	4.26	4.13
晒台	-	1.53-29.04	8.80	5.13
火塘区域	3.33	1.20-3.60	2.43	2.31
主人区域	6.74	1.79-9.00	4.81	4.66
祭祀区域	4.65	1.41-7.22	3.95	3.95
会客区域	11.74	1.88-15.63	7.11	6.90
餐厨区域	8.12	1.46-14.43	5.55	5.39
就寝区域	7.42	1.76-17.23	7.92	7.77
生水区域	1.65	0.54-6.17	2.11	1.46
储藏区域	2.17	1.12-16.86	7.11	6.89

住居平面图   住居功能平面图

053

院落

庄居入口

住居整体形象

住居室内

火塘

054

项目	结果	范围	平均（分项）	平均（总数）
基本信息				
几代人	3	1-3	2.23	2.21
在册人口	6	1-10	4.62	4.57
常住人口	6	0-9	3.75	3.67
被测身高人性别	男	男/女	-	-
建造年代	1997	1983-2011	-	-
住居层数	2	1-2	-	-
屋顶样式	-	圆/方	-	-
结构材料	木	木/砖	-	-
旱地（单位：亩）	-	0.50-8.00	2.60	1.36
水田（单位：亩）	-	4.00-17.60	8.58	4.51
竹子（单位：亩）	-	0.20-19.00	3.82	2.84
核桃（单位：亩）	-	0.80-24.00	6.88	3.27
茶叶（单位：亩）	-	1.00-25.00	3.59	2.60
杉木（单位：亩）	-	0.70-8.00	2.57	0.82
猪（单位：头）	8	1-15	4.81	3.57
牛（单位：头）	-	1-4	2.14	0.45
鸡（单位：头）	10	1-20	5.18	3.07
鸭（单位：只）	-	1-11	4.56	0.72
猫（单位：只）	-	1	1	0.02
狗（单位：只）	1	1	1	0.07
长度（单位：mm）				
身高	1610	1350-1710	1578.27	-
坐高	1040	850-1090	984.26	-
入口门高	1700	1400-2040	1723.63	-
晒台门高	1350	785-1880	1186.61	-
墙窗窗洞高	600	300-1230	565.27	-
墙窗下沿高	760	100-1300	822	-

位置图

C27 肖岩那
C28 肖岩模
C37 肖尼茸

亲属关系位置图

项目	结果	范围	平均（分项）	平均（总数）
墙窗上沿高	1500	1170-1950	1406.48	-
顶窗窗洞高	-	300-1400	1031.43	-
顶窗下沿高	-	730-1500	1027.50	-
顶窗上下沿进深	-	500-1800	1007.14	-
室内梁高	2000	1640-2550	2017.86	-
火塘上架子高	1530	1200-1650	1447.50	-
面积（单位：㎡）				
院子	273.63	96.50-159.63	235.64	235.64
住居	65.26	28.16-110.52	59.12	59.12
晾晒	73.54	6.11-106.15	43.10	40.54
种植	-	1.29-274.76	33.03	15.37
用水	4.35	0.38-9.80	3.02	2.90
饲养	14.34	2.20-75.17	18.92	17.98
附属	-	3.36-28.58	14.45	2.86
加建	-	4.81-50.00	23.81	2.59
前室平台	7.42	2.15-13.80	6.43	5.41
起居室	35.44	22.31-70.03	40.02	40.02
供位	2.40	0.54-3.68	1.93	1.89
内室	4.00	2.10-9.00	4.26	4.13
晒台	1.53	1.53-29.04	8.80	5.13
火塘区域	2.94	1.20-3.60	2.43	2.31
主人区域	4.75	1.79-9.00	4.81	4.66
祭祀区域	3.78	1.41-7.22	3.95	3.95
会客区域	6.58	1.88-15.63	7.11	6.90
餐厨区域	5.34	1.46-14.43	5.55	5.39
就寝区域	6.41	1.76-17.23	7.92	7.77
生水区域	3.36	0.54-6.17	2.11	1.46
储藏区域	6.63	1.12-16.86	7.11	6.89

住居平面图

住居功能平面图

院落　　　　　　　　　　住居

住居整体形象

住居室内

火塘

055

不　详	父亲	肖金东　长子
不　详	母亲	肖金美　长女
李依伞	妻子	肖金花　次女

项目	结果	范围	平均（分项）	平均（总数）
基本信息				
几代人	3	1-3	2.23	2.21
在册人口	7	1-10	4.62	4.57
常住人口	7	0-9	3.75	3.67
被测身高人性别	女	男/女	-	-
建造年代	2006	1983-2011	-	-
住居层数	2	1-2	-	-
屋顶样式	-	圆/方	-	-
结构材料	木	木/砖	-	-
旱地（单位：亩）	-	0.50-8.00	2.60	1.36
水田（单位：亩）	8.2	4.00-17.60	8.58	4.51
竹子（单位：亩）	8.8	0.20-19.00	3.82	2.84
核桃（单位：亩）	9	0.80-24.00	6.88	3.27
茶叶（单位：亩）	3	1.00-25.00	3.59	2.60
杉木（单位：亩）	5	0.70-8.00	2.57	0.82
猪（单位：头）	15	1-15	4.81	3.57
牛（单位：头）	4	1-4	2.14	0.45
鸡（单位：头）	5	1-20	5.18	3.07
鸭（单位：只）	-	1-11	4.56	0.72
猫（单位：只）	-	1	1	0.02
狗（单位：只）	-	1	1	0.07
长度（单位：mm）				
身高	1560	1350-1710	1578.27	-
坐高	950	850-1090	984.26	-
入口门高	1700	1400-2040	1723.63	-
晒台门高	900	785-1880	1186.61	-
墙窗窗洞高	450	300-1230	565.27	-
墙窗下沿高	660	100-1300	822	-

C27 肖岩那
C28 肖岩模
C37 肖尼茸

位置图

亲属关系位置图

项目	结果	范围	平均（分项）	平均（总数）
墙窗上沿高	1200	1170-1950	1406.48	-
顶窗窗洞高	-	300-1400	1031.43	-
顶窗下沿高	-	730-1500	1027.50	-
顶窗上下沿进深	-	500-1800	1007.14	-
室内梁高	2000	1640-2550	2017.86	-
火塘上架子高	1400	1200-1650	1447.50	-
面积（单位：㎡）				
院子	419.73	96.50-159.63	235.64	235.64
住居	79.36	28.16-110.52	59.12	59.12
晾晒	100.37	6.11-106.15	43.10	40.54
种植	-	1.29-274.76	33.03	15.37
用水	2.05	0.38-9.80	3.02	2.90
饲养	75.17	2.20-75.17	18.92	17.98
附属	-	3.36-28.58	14.45	2.86
加建	-	4.81-50.00	23.81	2.59
前室平台	9.00	2.15-13.80	6.43	5.41
起居室	31.88	22.31-70.03	40.02	40.02
供位	3.36	0.54-3.68	1.93	1.89
内室	5.81	2.10-9.00	4.26	4.13
晒台	8.15	1.53-29.04	8.80	5.13
火塘区域	3.00	1.20-3.60	2.43	2.31
主人区域	5.18	1.79-9.00	4.81	4.66
祭祀区域	4.97	1.41-7.22	3.95	3.95
会客区域	11.62	1.88-15.63	7.11	6.90
餐厨区域	3.20	1.46-14.43	5.55	5.39
就寝区域	16.09	1.76-17.23	7.92	7.77
生水区域	-	0.54-6.17	2.11	1.46
储藏区域	10.13	1.12-16.86	7.11	6.89

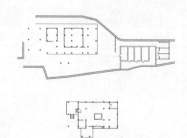

住居平面图

住居功能平面图

055

院落

住居入口

住居整体形象

住居室内

火塘

056

项目	结果	范围	平均（分项）	平均（总数）
基本信息				
几代人	2	1-3	2.23	2.21
在册人口	4	1-10	4.62	4.57
常住人口	4	0-9	3.75	3.67
被测身高人性别	男	男/女	-	-
建造年代	1997	1983-2011	-	-
住居层数	1	1-2	-	-
屋顶样式	圆	圆/方	-	-
结构材料	木	木/砖	-	-
旱地（单位：亩）	-	0.50-8.00	2.60	1.36
水田（单位：亩）	10	4.00-17.60	8.58	4.51
竹子（单位：亩）	19	0.20-19.00	3.82	2.84
核桃（单位：亩）	16	0.80-24.00	6.88	3.27
茶叶（单位：亩）	1.5	1.00-25.00	3.59	2.60
杉木（单位：亩）	4.2	0.70-8.00	2.57	0.82
猪（单位：头）	15	1-15	4.81	3.57
牛（单位：头）	-	1-4	2.14	0.45
鸡（单位：头）	8	1-20	5.18	3.07
鸭（单位：只）	-	1-11	4.56	0.72
猫（单位：只）	-	1	1	0.02
狗（单位：只）	-	1	1	0.07
长度(单位：mm)				
身高	1700	1350-1710	1578.27	-
坐高	1050	850-1090	984.26	-
入口门高	1750	1400-2040	1723.63	-
晒台门高	-	785-1880	1186.61	-
墙窗窗洞高	-	300-1230	565.27	-
墙窗下沿高	-	100-1300	822	-

位置图

亲属关系位置图

C27 肖岩那
C28 肖岩模
C37 肖尼茸

项目	结果	范围	平均（分项）	平均（总数）
墙窗上沿高	-	1170-1950	1406.48	-
顶窗窗洞高	-	300-1400	1031.43	-
顶窗下沿高	-	730-1500	1027.50	-
顶窗上下沿进深	-	500-1800	1007.14	-
室内梁高	1730	1640-2550	2017.86	-
火塘上架子高	-	1200-1650	1447.50	-
面积（单位：㎡）				
院子	401.15	96.50-159.63	235.64	235.64
住居	35.14	28.16-110.52	59.12	59.12
晾晒	61.87	6.11-106.15	43.10	40.54
种植	36.42	1.29-274.76	33.03	15.37
用水	2.55	0.38-9.80	3.02	2.90
饲养	21.50	2.20-75.17	18.92	17.98
附属	15.54	3.36-28.58	14.45	2.86
加建	-	4.81-50.00	23.81	2.59
前室平台	-	2.15-13.80	6.43	5.41
起居室	40.57	22.31-70.03	40.02	40.02
供位	1.11	0.54-3.68	1.93	1.89
内室	5.00	2.10-9.00	4.26	4.13
晒台	-	1.53-29.04	8.80	5.13
火塘区域	1.30	1.20-3.60	2.43	2.31
主人区域	2.82	1.79-9.00	4.81	4.66
祭祀区域	4.31	1.41-7.22	3.95	3.95
会客区域	4.71	1.88-15.63	7.11	6.90
餐厨区域	2.23	1.46-14.43	5.55	5.39
就寝区域	9.22	1.76-17.23	7.92	7.77
生水区域	1.73	0.54-6.17	2.11	1.46
储藏区域	4.39	1.12-16.86	7.11	6.89

住居平面图

住居功能平面图

056

院落

住居入口

住居整体形象

火塘

057

	编号	户主姓名	家庭成员姓名及与户主的关系			
	A18	肖才生	不 详　母亲	不 详　妹妹		
			不 详　哥哥	不 详　侄女		
			不 详　嫂子			

项目	结果	范围	平均（分项）	平均（总数）
基本信息				
几代人	3	1-3	2.23	2.21
在册人口	6	1-10	4.62	4.57
常住人口	6	0-9	3.75	3.67
被测身高人性别	男	男/女	-	-
建造年代	1996	1983-2011	-	-
住居层数	2	1-2	-	-
屋顶样式	-	圆/方	-	-
结构材料	木	木/砖	-	-
旱地（单位：亩）	-	0.50-8.00	2.60	1.36
水田（单位：亩）	-	4.00-17.60	8.58	4.51
竹子（单位：亩）	-	0.20-19.00	3.82	2.84
核桃（单位：亩）	-	0.80-24.00	6.88	3.27
茶叶（单位：亩）	-	1.00-25.00	3.59	2.60
杉木（单位：亩）	-	0.70-8.00	2.57	0.82
猪（单位：头）	3	1-15	4.81	3.57
牛（单位：头）	-	1-4	2.14	0.45
鸡（单位：头）	4	1-20	5.18	3.07
鸭（单位：只）	-	1-11	4.56	0.72
猫（单位：只）	-	1	1	0.02
狗（单位：只）	-	1	1	0.07
长度(单位：mm)				
身高	1700	1350-1710	1578.27	-
坐高	1050	850-1090	984.26	-
入口门高	1640	1400-2040	1723.63	-
晒台门高	1150	785-1880	1186.61	-
墙窗窗洞高	-	300-1230	565.27	-
墙窗下沿高	-	100-1300	822	-

位置图

A18 肖才生
A23 肖尼胆

亲属关系位置图

项目	结果	范围	平均（分项）	平均（总数）
墙窗上沿高	1400	1170-1950	1406.48	-
顶窗窗洞高	-	300-1400	1031.43	-
顶窗下沿高	-	730-1500	1027.50	-
顶窗上下沿进深	-	500-1800	1007.14	-
室内梁高	1870	1640-2550	2017.86	-
火塘上架子高	1440	1200-1650	1447.50	-
面积（单位：㎡）				
院子	187.59	96.50-159.63	235.64	235.64
住居	51.25	28.16-110.52	59.12	59.12
晾晒	19.03	6.11-106.15	43.10	40.54
种植	-	1.29-274.76	33.03	15.37
用水	2.13	0.38-9.80	3.02	2.90
饲养	13.49	2.20-75.17	18.92	17.98
附属	-	3.36-28.58	14.45	2.86
加建	9.73	4.81-50.00	23.81	2.59
前室平台	8.88	2.15-13.80	6.43	5.41
起居室	38.86	22.31-70.03	40.02	40.02
供位	1.40	0.54-3.68	1.93	1.89
内室	3.36	2.10-9.00	4.26	4.13
晒台	4.73	1.53-29.04	8.80	5.13
火塘区域	2.10	1.20-3.60	2.43	2.31
主人区域	4.68	1.79-9.00	4.81	4.66
祭祀区域	4.05	1.41-7.22	3.95	3.95
会客区域	6.05	1.88-15.63	7.11	6.90
餐厨区域	5.84	1.46-14.43	5.55	5.39
就寝区域	6.51	1.76-17.23	7.92	7.77
生水区域	1.84	0.54-6.17	2.11	1.46
储藏区域	6.11	1.12-16.86	7.11	6.89

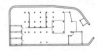

住居平面图

住居功能平面图

057

院落

住居入口

住居整体形象

住居室内

火塘

058

编号	户主姓名	家庭成员姓名及与户主的关系		
A23	肖尼胆	王叶嘎　妻子 肖安块　三女		

项目	结果	范围	平均（分项）	平均（总数）
基本信息				
几代人	2	1-3	2.23	2.21
在册人口	3	1-10	4.62	4.57
常住人口	3	0-9	3.75	3.67
被测身高人性别	男	男/ 女	-	-
建造年代	2007	1983-2011	-	-
住居层数	2	1-2	-	-
屋顶样式	-	圆/ 方	-	-
结构材料	木	木/ 砖	-	-
旱地（单位：亩）	1	0.50-8.00	2.60	1.36
水田（单位：亩）	-	4.00-17.60	8.58	4.51
竹子（单位：亩）	1	0.20-19.00	3.82	2.84
核桃（单位：亩）	-	0.80-24.00	6.88	3.27
茶叶（单位：亩）	2	1.00-25.00	3.59	2.60
杉木（单位：亩）	-	0.70-8.00	2.57	0.82
猪（单位：头）	5	1-15	4.81	3.57
牛（单位：头）	-	1-4	2.14	0.45
鸡（单位：头）	3	1-20	5.18	3.07
鸭（单位：只）	-	1-11	4.56	0.72
猫（单位：只）	-	1	1	0.02
狗（单位：只）	-	1	1	0.07
长度(单位：mm)				
身高	1560	1350-1710	1578.27	-
坐高	960	850-1090	984.26	-
入口门高	1800	1400-2040	1723.63	-
晒台门高	1100	785-1880	1186.61	-
墙窗窗洞高	-	300-1230	565.27	-
墙窗下沿高	-	100-1300	822	-

A18 肖才生
A23　肖尼胆

位置图

亲属关系位置图

项目	结果	范围	平均（分项）	平均（总数）
墙窗上沿高	1300	1170-1950	1406.48	-
顶窗窗洞高	-	300-1400	1031.43	-
顶窗下沿高	-	730-1500	1027.50	-
顶窗上下沿进深	-	500-1800	1007.14	-
室内梁高	2050	1640-2550	2017.86	-
火塘上架子高	1400	1200-1650	1447.50	-
面积（单位：㎡）				
院子	165.90	96.50-159.63	235.64	235.64
住居	61.04	28.16-110.52	59.12	59.12
晾晒	22.71	6.11-106.15	43.10	40.54
种植	1.40	1.29-274.76	33.03	15.37
用水	2.59	0.38-9.80	3.02	2.90
饲养	9.25	2.20-75.17	18.92	17.98
附属	-	3.36-28.58	14.45	2.86
加建	-	4.81-50.00	23.81	2.59
前室平台	6.33	2.15-13.80	6.43	5.41
起居室	46.15	22.31-70.03	40.02	40.02
供位	1.67	0.54-3.68	1.93	1.89
内室	-	2.10-9.00	4.26	4.13
晒台	5.67	1.53-29.04	8.80	5.13
火塘区域	2.09	1.20-3.60	2.43	2.31
主人区域	4.90	1.79-9.00	4.81	4.66
祭祀区域	4.27	1.41-7.22	3.95	3.95
会客区域	8.44	1.88-15.63	7.11	6.90
餐厨区域	9.42	1.46-14.43	5.55	5.39
就寝区域	11.19	1.76-17.23	7.92	7.77
生水区域	2.46	0.54-6.17	2.11	1.46
储藏区域	8.07	1.12-16.86	7.11	6.89

住居平面图

住居功能平面图

院落

住居入口

住居整体形象

住居室内   火塘

059

编号	户主姓名	家庭成员姓名及与户主的关系			
B25	肖赛茸	杨欧到	妻子	肖岩到	孙子
		肖文军	儿子	肖叶改	孙女
		肖美花	儿媳		

项目	结果	范围	平均（分项）	平均（总数）
基本信息				
几代人	3	1-3	2.23	2.21
在册人口	6	1-10	4.62	4.57
常住人口	6	0-9	3.75	3.67
被测身高人性别	男	男/女	-	-
建造年代	1995	1983-2011	-	-
住居层数	2	1-2	-	-
屋顶样式	圆	圆/方	-	-
结构材料	木	木/砖	-	-
旱地（单位：亩）	2.5	0.50-8.00	2.60	1.36
水田（单位：亩）	13.3	4.00-17.60	8.58	4.51
竹子（单位：亩）	3	0.20-19.00	3.82	2.84
核桃（单位：亩）	5.9	0.80-24.00	6.88	3.27
茶叶（单位：亩）	4.7	1.00-25.00	3.59	2.60
杉木（单位：亩）	1	0.70-8.00	2.57	0.82
猪（单位：头）	6	1-15	4.81	3.57
牛（单位：头）	2	1-4	2.14	0.45
鸡（单位：头）	-	1-20	5.18	3.07
鸭（单位：只）	5	1-11	4.56	0.72
猫（单位：只）	-	1	1	0.02
狗（单位：只）	-	1	1	0.07
长度(单位：mm)				
身高	1520	1350-1710	1578.27	-
坐高	920	850-1090	984.26	-
入口门高	1650	1400-2040	1723.63	-
晒台门高	1080	785-1880	1186.61	-
墙窗窗洞高	-	300-1230	565.27	-
墙窗下沿高	-	100-1300	822	-

位置图

亲属关系位置图

B25 肖赛茸
C13 肖俄到

项目	结果	范围	平均（分项）	平均（总数）
墙窗上沿高	-	1170-1950	1406.48	-
顶窗窗洞高	1000	300-1400	1031.43	-
顶窗下沿高	1200	730-1500	1027.50	-
顶窗上下沿进深	850	500-1800	1007.14	-
室内梁高	1980	1640-2550	2017.86	-
火塘上架子高	1430	1200-1650	1447.50	-
面积（单位：㎡）				
院子	220.70	96.50-159.63	235.64	235.64
住居	60.48	28.16-110.52	59.12	59.12
晾晒	50.77	6.11-106.15	43.10	40.54
种植	-	1.29-274.76	33.03	15.37
用水	2.00	0.38-9.80	3.02	2.90
饲养	29.88	2.20-75.17	18.92	17.98
附属	9.97	3.36-28.58	14.45	2.86
加建	-	4.81-50.00	23.81	2.59
前室平台	7.56	2.15-13.80	6.43	5.41
起居室	37.58	22.31-70.03	40.02	40.02
供位	1.94	0.54-3.68	1.93	1.89
内室	4.47	2.10-9.00	4.26	4.13
晒台	9.28	1.53-29.04	8.80	5.13
火塘区域	2.48	1.20-3.60	2.43	2.31
主人区域	4.57	1.79-9.00	4.81	4.66
祭祀区域	4.28	1.41-7.22	3.95	3.95
会客区域	7.93	1.88-15.63	7.11	6.90
餐厨区域	3.80	1.46-14.43	5.55	5.39
就寝区域	11.21	1.76-17.23	7.92	7.77
生水区域	-	0.54-6.17	2.11	1.46
储藏区域	7.98	1.12-16.86	7.11	6.89

住居平面图

住居功能平面图

059

院落

住居入口

住居整体形象

住居室内

火塘

编号	户主姓名	家庭成员姓名及与户主的关系
C13	肖俄到	肖依那　妻子

060

项目	结果	范围	平均（分项）	平均（总数）
基本信息				
几代人	1	1-3	2.23	2.21
在册人口	2	1-10	4.62	4.57
常住人口	2	0-9	3.75	3.67
被测身高人性别	男	男/女	-	-
建造年代	2000	1983-2011	-	-
住居层数	2	1-2	-	-
屋顶样式	-	圆/方	-	-
结构材料	木	木/砖	-	-
旱地（单位：亩）	3.6	0.50-8.00	2.60	1.36
水田（单位：亩）	4.5	4.00-17.60	8.58	4.51
竹子（单位：亩）	1.5	0.20-19.00	3.82	2.84
核桃（单位：亩）	2.4	0.80-24.00	6.88	3.27
茶叶（单位：亩）	1.2	1.00-25.00	3.59	2.60
杉木（单位：亩）	1	0.70-8.00	2.57	0.82
猪（单位：头）	5	1-15	4.81	3.57
牛（单位：头）	-	1-4	2.14	0.45
鸡（单位：头）	5	1-20	5.18	3.07
鸭（单位：只）	-	1-11	4.56	0.72
猫（单位：只）	-	1	1	0.02
狗（单位：只）	-	1	1	0.07
长度(单位：mm)				
身高	1600	1350-1710	1578.27	-
坐高	920	850-1090	984.26	-
入口门高	1650	1400-2040	1723.63	-
晒台门高	1170	785-1880	1186.61	-
墙窗窗洞高	-	300-1230	565.27	-
墙窗下沿高	-	100-1300	822	-

位置图

B25 肖赛茸
C13 肖俄到

亲属关系位置图

项目	结果	范围	平均（分项）	平均（总数）
墙窗上沿高	-	1170-1950	1406.48	-
顶窗窗洞高	-	300-1400	1031.43	-
顶窗下沿高	-	730-1500	1027.50	-
顶窗上下沿进深	-	500-1800	1007.14	-
室内梁高	1960	1640-2550	2017.86	-
火塘上架子高	1420	1200-1650	1447.50	-
面积（单位：㎡）				
院子	157.73	96.50-159.63	235.64	235.64
住居	46.41	28.16-110.52	59.12	59.12
晾晒	7.61	6.11-106.15	43.10	40.54
种植	2.39	1.29-274.76	33.03	15.37
用水	2.52	0.38-9.80	3.02	2.90
饲养	13.02	2.20-75.17	18.92	17.98
附属	-	3.36-28.58	14.45	2.86
加建	-	4.81-50.00	23.81	2.59
前室平台	4.56	2.15-13.80	6.43	5.41
起居室	34.65	22.31-70.03	40.02	40.02
供位	1.32	0.54-3.68	1.93	1.89
内室	2.53	2.10-9.00	4.26	4.13
晒台	9.49	1.53-29.04	8.80	5.13
火塘区域	2.40	1.20-3.60	2.43	2.31
主人区域	3.48	1.79-9.00	4.81	4.66
祭祀区域	2.62	1.41-7.22	3.95	3.95
会客区域	4.82	1.88-15.63	7.11	6.90
餐厨区域	3.71	1.46-14.43	5.55	5.39
就寝区域	10.45	1.76-17.23	7.92	7.77
生水区域	1.38	0.54-6.17	2.11	1.46
储藏区域	5.89	1.12-16.86	7.11	6.89

住居平面图

住居功能平面图

060

院落

住居入口

住居整体形象

住居室内

火塘

061

编号	户主姓名	家庭成员姓名及与户主的关系		
A03	肖尼块	田安帅 妻子	肖艾茸	孙子
		肖岩那 长子	肖叶茸	长女
		王依嘎 儿媳		

项目	结果	范围	平均（分项）	平均（总数）
基本信息				
几代人	3	1-3	2.23	2.21
在册人口	6	1-10	4.62	4.57
常住人口	6	0-9	3.75	3.67
被测身高人性别	男	男/女	-	-
建造年代	2005	1983-2011	-	-
住居层数	2	1-2	-	-
屋顶样式	-	圆/方	-	-
结构材料	木	木/砖	-	-
旱地（单位：亩）	2.7	0.50-8.00	2.60	1.36
水田（单位：亩）	12	4.00-17.60	8.58	4.51
竹子（单位：亩）	11	0.20-19.00	3.82	2.84
核桃（单位：亩）	18	0.80-24.00	6.88	3.27
茶叶（单位：亩）	2.5	1.00-25.00	3.59	2.60
杉木（单位：亩）	3	0.70-8.00	2.57	0.82
猪（单位：头）	7	1-15	4.81	3.57
牛（单位：头）	3	1-4	2.14	0.45
鸡（单位：头）	15	1-20	5.18	3.07
鸭（单位：只）	1	1-11	4.56	0.72
猫（单位：只）	-	1	1	0.02
狗（单位：只）	-	1	1	0.07
长度（单位：mm)				
身高	1700	1350-1710	1578.27	-
坐高	1000	850-1090	984.26	-
入口门高	1700	1400-2040	1723.63	-
晒台门高	1200	785-1880	1186.61	-
墙窗窗洞高	500	300-1230	565.27	-
墙窗下沿高	800	100-1300	822	-

位置图

亲属关系位置图

A03 肖尼块
C20 肖艾但

项目	结果	范围	平均（分项）	平均（总数）
墙窗上沿高	1450	1170-1950	1406.48	-
顶窗窗洞高	-	300-1400	1031.43	-
顶窗下沿高	-	730-1500	1027.50	-
顶窗上下沿进深	-	500-1800	1007.14	-
室内梁高	1970	1640-2550	2017.86	-
火塘上架子高	1470	1200-1650	1447.50	-
面积（单位：㎡）				
院子	349.14	96.50-159.63	235.64	235.64
住居	70.78	28.16-110.52	59.12	59.12
晾晒	51.48	6.11-106.15	43.10	40.54
种植	-	1.29-274.76	33.03	15.37
用水	6.56	0.38-9.80	3.02	2.90
饲养	32.98	2.20-75.17	18.92	17.98
附属	5.25	3.36-28.58	14.45	2.86
加建	31.73	4.81-50.00	23.81	2.59
前室平台	8.46	2.15-13.80	6.43	5.41
起居室	33.71	22.31-70.03	40.02	40.02
供位	2.29	0.54-3.68	1.93	1.89
内室	4.76	2.10-9.00	4.26	4.13
晒台	-	1.53-29.04	8.80	5.13
火塘区域	2.25	1.20-3.60	2.43	2.31
主人区域	6.58	1.79-9.00	4.81	4.66
祭祀区域	4.53	1.41-7.22	3.95	3.95
会客区域	5.80	1.88-15.63	7.11	6.90
餐厨区域	8.40	1.46-14.43	5.55	5.39
就寝区域	5.73	1.76-17.23	7.92	7.77
生水区域	-	0.54-6.17	2.11	1.46
储藏区域	7.20	1.12-16.86	7.11	6.89

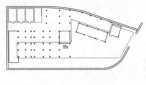

住居平面图

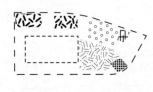

住居功能平面图

061

聚落

住居入口

住居整体形象

住居室内   火塘

<table>
<tr><td>062</td><td>编号
C20</td><td>户主姓名
肖艾但</td><td colspan="2">家庭成员姓名及与户主的关系
杨叶茸　奶奶</td><td></td></tr>
</table>

项目	结果	范围	平均（分项）	平均（总数）
基本信息				
几代人	2	1-3	2.23	2.21
在册人口	2	1-10	4.62	4.57
常住人口	2	0-9	3.75	3.67
被测身高人性别	男	男/女	-	-
建造年代	1992	1983-2011	-	-
住居层数	1	1-2	-	-
屋顶样式	-	圆/方	-	-
结构材料	木	木/砖	-	-
旱地（单位：亩）	-	0.50-8.00	2.60	1.36
水田（单位：亩）	4	4.00-17.60	8.58	4.51
竹子（单位：亩）	11	0.20-19.00	3.82	2.84
核桃（单位：亩）	6.6	0.80-24.00	6.88	3.27
茶叶（单位：亩）	1	1.00-25.00	3.59	2.60
杉木（单位：亩）	-	0.70-8.00	2.57	0.82
猪（单位：头）	-	1-15	4.81	3.57
牛（单位：头）	-	1-4	2.14	0.45
鸡（单位：头）	-	1-20	5.18	3.07
鸭（单位：只）	-	1-11	4.56	0.72
猫（单位：只）	-	1	1	0.02
狗（单位：只）	-	1	1	0.07
长度(单位：mm)				
身高	1670	1350-1710	1578.27	-
坐高	900	850-1090	984.26	-
入口门高	1700	1400-2040	1723.63	-
晒台门高	-	785-1880	1186.61	-
墙窗窗洞高	300	300-1230	565.27	-
墙窗下沿高	1200	100-1300	822	-

位置图

亲属关系位置图

A03 肖尼块
C20 肖艾但

项目	结果	范围	平均（分项）	平均（总数）
墙窗上沿高	-	1170-1950	1406.48	-
顶窗窗洞高	-	300-1400	1031.43	-
顶窗下沿高	-	730-1500	1027.50	-
顶窗上下沿进深	-	500-1800	1007.14	-
室内梁高	1800	1640-2550	2017.86	-
火塘上架子高	1600	1200-1650	1447.50	-
面积（单位：㎡）				
院子	110.60	96.50-159.63	235.64	235.64
住居	28.16	28.16-110.52	59.12	59.12
晾晒	38.24	6.11-106.15	43.10	40.54
种植	-	1.29-274.76	33.03	15.37
用水	0.92	0.38-9.80	3.02	2.90
饲养	4.68	2.20-75.17	18.92	17.98
附属	-	3.36-28.58	14.45	2.86
加建	-	4.81-50.00	23.81	2.59
前室平台	-	2.15-13.80	6.43	5.41
起居室	49.52	22.31-70.03	40.02	40.02
供位	1.30	0.54-3.68	1.93	1.89
内室	3.25	2.10-9.00	4.26	4.13
晒台	-	1.53-29.04	8.80	5.13
火塘区域	1.30	1.20-3.60	2.43	2.31
主人区域	2.62	1.79-9.00	4.81	4.66
祭祀区域	4.50	1.41-7.22	3.95	3.95
会客区域	2.95	1.88-15.63	7.11	6.90
餐厨区域	1.46	1.46-14.43	5.55	5.39
就寝区域	8.32	1.76-17.23	7.92	7.77
生水区域	0.54	0.54-6.17	2.11	1.46
储藏区域	2.33	1.12-16.86	7.11	6.89

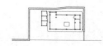

住居平面图　　　　　　　　　　　　　　　　住居功能平面图

062

院落　　　　　　　　　　　　　住居入口

住居整体形象

住居室内

火塘

	编号	户主姓名	家庭成员姓名及与户主的关系	
063	C18	肖尼那	田艾恩　妻子 肖天明　长子 肖玉美　长女	

项目	结果	范围	平均（分项）	平均（总数）
基本信息				
几代人	2	1-3	2.23	2.21
在册人口	4	1-10	4.62	4.57
常住人口	4	0-9	3.75	3.67
被测身高人性别	男	男/女	-	-
建造年代	2001	1983-2011	-	-
住居层数	2	1-2	-	-
屋顶样式	-	圆/方	-	-
结构材料	木	木/砖	-	-
旱地（单位：亩）	5	0.50-8.00	2.60	1.36
水田（单位：亩）	9.8	4.00-17.60	8.58	4.51
竹子（单位：亩）	8.8	0.20-19.00	3.82	2.84
核桃（单位：亩）	15	0.80-24.00	6.88	3.27
茶叶（单位：亩）	2.3	1.00-25.00	3.59	2.60
杉木（单位：亩）	2	0.70-8.00	2.57	0.82
猪（单位：头）	-	1-15	4.81	3.57
牛（单位：头）	-	1-4	2.14	0.45
鸡（单位：头）	-	1-20	5.18	3.07
鸭（单位：只）	-	1-11	4.56	0.72
猫（单位：只）	-	1	1	0.02
狗（单位：只）	-	1	1	0.07
长度(单位：mm)				
身高	1600	1350-1710	1578.27	-
坐高	970	850-1090	984.26	-
入口门高	1750	1400-2040	1723.63	-
晒台门高	1310	785-1880	1186.61	-
墙窗窗洞高	-	300-1230	565.27	
墙窗下沿高		100-1300	822	

C18 肖尼那
C11 肖尼搞

位置图　　　　　　　　　亲属关系位置图

280

项目	结果	范围	平均（分项）	平均（总数）
墙窗上沿高	1400	1170-1950	1406.48	-
顶窗窗洞高	-	300-1400	1031.43	-
顶窗下沿高	-	730-1500	1027.50	-
顶窗上下沿进深	-	500-1800	1007.14	-
室内梁高	2150	1640-2550	2017.86	-
火塘上架子高	1500	1200-1650	1447.50	-
面积（单位：㎡）				
院子	167.50	96.50-159.63	235.64	235.64
住居	55.39	28.16-110.52	59.12	59.12
晾晒	27.17	6.11-106.15	43.10	40.54
种植	19.27	1.29-274.76	33.03	15.37
用水	1.87	0.38-9.80	3.02	2.90
饲养	9.77	2.20-75.17	18.92	17.98
附属	-	3.36-28.58	14.45	2.86
加建	-	4.81-50.00	23.81	2.59
前室平台	2.75	2.15-13.80	6.43	5.41
起居室	41.66	22.31-70.03	40.02	40.02
供位	1.68	0.54-3.68	1.93	1.89
内室	3.65	2.10-9.00	4.26	4.13
晒台	7.29	1.53-29.04	8.80	5.13
火塘区域	2.17	1.20-3.60	2.43	2.31
主人区域	4.14	1.79-9.00	4.81	4.66
祭祀区域	3.64	1.41-7.22	3.95	3.95
会客区域	6.11	1.88-15.63	7.11	6.90
餐厨区域	4.17	1.46-14.43	5.55	5.39
就寝区域	3.60	1.76-17.23	7.92	7.77
生水区域	-	0.54-6.17	2.11	1.46
储藏区域	8.57	1.12-16.86	7.11	6.89

住居平面图

住居功能平面图

063

院落

住居入口

住居整体形象

住居室内

火塘

064

编号	户主姓名	家庭成员姓名及与户主的关系		
C11	肖尼搞	肖安帅	母亲	
		不　详	妻子	
		不　详	弟弟	

项目	结果	范围	平均（分项）	平均（总数）
基本信息				
几代人	2	1-3	2.23	2.21
在册人口	4	1-10	4.62	4.57
常住人口	3	0-9	3.75	3.67
被测身高人性别	男	男/女	-	-
建造年代	1996	1983-2011	-	-
住居层数	2	1-2	-	-
屋顶样式	-	圆/方	-	-
结构材料	木	木/砖	-	-
旱地（单位：亩）	-	0.50-8.00	2.60	1.36
水田（单位：亩）	-	4.00-17.60	8.58	4.51
竹子（单位：亩）	-	0.20-19.00	3.82	2.84
核桃（单位：亩）	-	0.80-24.00	6.88	3.27
茶叶（单位：亩）	-	1.00-25.00	3.59	2.60
杉木（单位：亩）	-	0.70-8.00	2.57	0.82
猪（单位：头）	3	1-15	4.81	3.57
牛（单位：头）	-	1-4	2.14	0.45
鸡（单位：头）	1	1-20	5.18	3.07
鸭（单位：只）	-	1-11	4.56	0.72
猫（单位：只）	-	1	1	0.02
狗（单位：只）	-	1	1	0.07
长度(单位：mm)				
身高	1650	1350-1710	1578.27	-
坐高	1000	850-1090	984.26	-
入口门高	1780	1400-2040	1723.63	-
晒台门高	1100	785-1880	1186.61	-
墙窗窗洞高	-	300-1230	565.27	-
墙窗下沿高	-	100-1300	822	-

C18 肖尼那

C11 肖尼搞

位置图　　　　　　　　　　　亲属关系位置图

项目	结果	范围	平均（分项）	平均（总数）
墙窗上沿高	-	1170-1950	1406.48	-
顶窗窗洞高	-	300-1400	1031.43	-
顶窗下沿高	-	730-1500	1027.50	-
顶窗上下沿进深	-	500-1800	1007.14	-
室内梁高	2000	1640-2550	2017.86	-
火塘上架子高	1500	1200-1650	1447.50	-
面积（单位：㎡）				
院子	152.12	96.50-159.63	235.64	235.64
住居	58.83	28.16-110.52	59.12	59.12
晾晒	7.55	6.11-106.15	43.10	40.54
种植	-	1.29-274.76	33.03	15.37
用水	2.89	0.38-9.80	3.02	2.90
饲养	-	2.20-75.17	18.92	17.98
附属	-	3.36-28.58	14.45	2.86
加建	-	4.81-50.00	23.81	2.59
前室平台	6.83	2.15-13.80	6.43	5.41
起居室	28.07	22.31-70.03	40.02	40.02
供位	3.68	0.54-3.68	1.93	1.89
内室	4.47	2.10-9.00	4.26	4.13
晒台	-	1.53-29.04	8.80	5.13
火塘区域	3.42	1.20-3.60	2.43	2.31
主人区域	3.23	1.79-9.00	4.81	4.66
祭祀区域	2.57	1.41-7.22	3.95	3.95
会客区域	6.43	1.88-15.63	7.11	6.90
餐厨区域	9.00	1.46-14.43	5.55	5.39
就寝区域	2.47	1.76-17.23	7.92	7.77
生水区域	-	0.54-6.17	2.11	1.46
储藏区域	5.87	1.12-16.86	7.11	6.89

住居平面图

住居功能平面图

院落

住居入口

住居整体形象

住居室内

火塘

065

项目	结果	范围	平均（分项）	平均（总数）
基本信息				
几代人	1	1-3	2.23	2.21
在册人口	2	1-10	4.62	4.57
常住人口	2	0-9	3.75	3.67
被测身高人性别	男	男/女	-	-
建造年代	2000	1983-2011	-	-
住居层数	2	1-2	-	-
屋顶样式	-	圆/方	-	-
结构材料	木	木/砖	-	-
旱地（单位：亩）	-	0.50-8.00	2.60	1.36
水田（单位：亩）	-	4.00-17.60	8.58	4.51
竹子（单位：亩）	-	0.20-19.00	3.82	2.84
核桃（单位：亩）	-	0.80-24.00	6.88	3.27
茶叶（单位：亩）	-	1.00-25.00	3.59	2.60
杉木（单位：亩）	-	0.70-8.00	2.57	0.82
猪（单位：头）	3	1-15	4.81	3.57
牛（单位：头）	-	1-4	2.14	0.45
鸡（单位：头）	2	1-20	5.18	3.07
鸭（单位：只）	-	1-11	4.56	0.72
猫（单位：只）	-	1	1	0.02
狗（单位：只）	-	1	1	0.07
长度(单位：mm)				
身高	1500	1350-1710	1578.27	-
坐高	960	850-1090	984.26	-
入口门高	1700	1400-2040	1723.63	-
晒台门高	880	785-1880	1186.61	-
墙窗窗洞高	-	300-1230	565.27	-
墙窗下沿高	-	100-1300	822	-

C08 肖岩嘎

位置图

亲属关系位置图

项目	结果	范围	平均（分项）	平均（总数）
墙窗上沿高	1200	1170-1950	1406.48	-
顶窗窗洞高	-	300-1400	1031.43	
顶窗下沿高	-	730-1500	1027.50	
顶窗上下沿进深	-	500-1800	1007.14	
室内梁高	1880	1640-2550	2017.86	-
火塘上架子高	1270	1200-1650	1447.50	
面积（单位：㎡）				
院子	180.37	96.50-159.63	235.64	235.64
住居	42.75	28.16-110.52	59.12	59.12
晾晒	65.59	6.11-106.15	43.10	40.54
种植	4.24	1.29-274.76	33.03	15.37
用水	1.27	0.38-9.80	3.02	2.90
饲养	17.03	2.20-75.17	18.92	17.98
附属	-	3.36-28.58	14.45	2.86
加建	-	4.81-50.00	23.81	2.59
前室平台	5.72	2.15-13.80	6.43	5.41
起居室	27.83	22.31-70.03	40.02	40.02
供位	1.20	0.54-3.68	1.93	1.89
内室	2.64	2.10-9.00	4.26	4.13
晒台	6.58	1.53-29.04	8.80	5.13
火塘区域	2.88	1.20-3.60	2.43	2.31
主人区域	3.68	1.79-9.00	4.81	4.66
祭祀区域	3.88	1.41-7.22	3.95	3.95
会客区域	4.96	1.88-15.63	7.11	6.90
餐厨区域	4.08	1.46-14.43	5.55	5.39
就寝区域	1.76	1.76-17.23	7.92	7.77
生水区域	1.78	0.54-6.17	2.11	1.46
储藏区域	11.46	1.12-16.86	7.11	6.89

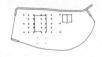

住居平面图

住居功能平面图

065

院落

住居入口

住居整体形象

住居室内

火塘

066

编号	户主姓名	家庭成员姓名及与户主的关系	
A02	肖尼龙	杨安门　母亲 田安西　妻子 肖三木块　儿子	

项目	结果	范围	平均（分项）	平均（总数）
基本信息				
几代人	3	1-3	2.23	2.21
在册人口	4	1-10	4.62	4.57
常住人口	4	0-9	3.75	3.67
被测身高人性别	男	男/女	-	-
建造年代	2001	1983-2011	-	-
住居层数	2	1-2	-	-
屋顶样式	-	圆/方	-	-
结构材料	木	木/砖	-	-
旱地（单位：亩）	3.9	0.50-8.00	2.60	1.36
水田（单位：亩）	13.8	4.00-17.60	8.58	4.51
竹子（单位：亩）	3	0.20-19.00	3.82	2.84
核桃（单位：亩）	8.9	0.80-24.00	6.88	3.27
茶叶（单位：亩）	3.9	1.00-25.00	3.59	2.60
杉木（单位：亩）	2	0.70-8.00	2.57	0.82
猪（单位：头）	10	1-15	4.81	3.57
牛（单位：头）	4	1-4	2.14	0.45
鸡（单位：头）	20	1-20	5.18	3.07
鸭（单位：只）	-	1-11	4.56	0.72
猫（单位：只）	-	1	1	0.02
狗（单位：只）	-	1	1	0.07
长度（单位：mm）				
身高	1580	1350-1710	1578.27	-
坐高	1050	850-1090	984.26	-
入口门高	1700	1400-2040	1723.63	-
晒台门高	1400	785-1880	1186.61	-
墙窗窗洞高	600	300-1230	565.27	-
墙窗下沿高	850	100-1300	822	

A02 肖尼龙

位置图

亲属关系位置图

项目	结果	范围	平均（分项）	平均（总数）
墙窗上沿高	1700	1170-1950	1406.48	-
顶窗窗洞高	-	300-1400	1031.43	-
顶窗下沿高	-	730-1500	1027.50	-
顶窗上下沿进深	-	500-1800	1007.14	-
室内梁高	1850	1640-2550	2017.86	-
火塘上架子高	1600	1200-1650	1447.50	-
面积（单位：㎡）				
院子	278.54	96.50-159.63	235.64	235.64
住居	69.75	28.16-110.52	59.12	59.12
晾晒	18.04	6.11-106.15	43.10	40.54
种植	-	1.29-274.76	33.03	15.37
用水	5.55	0.38-9.80	3.02	2.90
饲养	9.00	2.20-75.17	18.92	17.98
附属	-	3.36-28.58	14.45	2.86
加建	50.00	4.81-50.00	23.81	2.59
前室平台	3.13	2.15-13.80	6.43	5.41
起居室	44.96	22.31-70.03	40.02	40.02
供位	1.76	0.54-3.68	1.93	1.89
内室	5.12	2.10-9.00	4.26	4.13
晒台	7.92	1.53-29.04	8.80	5.13
火塘区域	2.16	1.20-3.60	2.43	2.31
主人区域	5.33	1.79-9.00	4.81	4.66
祭祀区域	4.48	1.41-7.22	3.95	3.95
会客区域	6.80	1.88-15.63	7.11	6.90
餐厨区域	6.04	1.46-14.43	5.55	5.39
就寝区域	12.05	1.76-17.23	7.92	7.77
生水区域	2.72	0.54-6.17	2.11	1.46
储藏区域	5.01	1.12-16.86	7.11	6.89

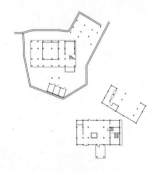

住居平面图

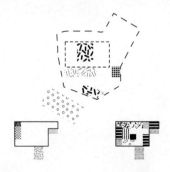

住居功能平面图

066

院落

住居入口

住居整体形象

住居室内

火塘

067

项目	结果	范围	平均（分项）	平均（总数）
基本信息				
几代人	-	1-3	2.23	2.21
在册人口	-	1-10	4.62	4.57
常住人口	-	0-9	3.75	3.67
被测身高人性别	-	男/女	-	-
建造年代	-	1983-2011	-	-
住居层数	1	1-2	-	-
屋顶样式	-	圆/方	-	-
结构材料	砖	木/砖	-	-
旱地（单位：亩）	-	0.50-8.00	2.60	1.36
水田（单位：亩）	-	4.00-17.60	8.58	4.51
竹子（单位：亩）	-	0.20-19.00	3.82	2.84
核桃（单位：亩）	-	0.80-24.00	6.88	3.27
茶叶（单位：亩）	-	1.00-25.00	3.59	2.60
杉木（单位：亩）	-	0.70-8.00	2.57	0.82
猪（单位：头）	-	1-15	4.81	3.57
牛（单位：头）	-	1-4	2.14	0.45
鸡（单位：头）	-	1-20	5.18	3.07
鸭（单位：只）	-	1-11	4.56	0.72
猫（单位：只）	-	1	1	0.02
狗（单位：只）	-	1	1	0.07
长度(单位：mm)				
身高	-	1350-1710	1578.27	-
坐高	-	850-1090	984.26	-
入口门高	-	1400-2040	1723.63	-
晒台门高	-	785-1880	1186.61	-
墙窗窗洞高	-	300-1230	565.27	-
墙窗下沿高	-	100-1300	822	-

位置图　　　　　　　　　亲属关系位置图

项目	结果	范围	平均（分项）	平均（总数）
墙窗上沿高	-	1170-1950	1406.48	-
顶窗窗洞高	-	300-1400	1031.43	-
顶窗下沿高	-	730-1500	1027.50	-
顶窗上下沿进深	-	500-1800	1007.14	-
室内梁高	-	1640-2550	2017.86	-
火塘上架子高	-	1200-1650	1447.50	-
面积（单位：㎡）				
院子	287.15	96.50-159.63	235.64	235.64
住居	36.18	28.16-110.52	59.12	59.12
晾晒	-	6.11-106.15	43.10	40.54
种植	-	1.29-274.76	33.03	15.37
用水	-	0.38-9.80	3.02	2.90
饲养	-	2.20-75.17	18.92	17.98
附属	-	3.36-28.58	14.45	2.86
加建	-	4.81-50.00	23.81	2.59
前室平台	-	2.15-13.80	6.43	5.41
起居室	36.28	22.31-70.03	40.02	40.02
供位	-	0.54-3.68	1.93	1.89
内室	-	2.10-9.00	4.26	4.13
晒台	-	1.53-29.04	8.80	5.13
火塘区域	-	1.20-3.60	2.43	2.31
主人区域	-	1.79-9.00	4.81	4.66
祭祀区域	3.68	1.41-7.22	3.95	3.95
会客区域	-	1.88-15.63	7.11	6.90
餐厨区域	-	1.46-14.43	5.55	5.39
就寝区域	-	1.76-17.23	7.92	7.77
生水区域	-	0.54-6.17	2.11	1.46
储藏区域	-	1.12-16.86	7.11	6.89

住居平面图

住居功能平面图

067

068

编号	户主姓名	家庭成员姓名及与户主的关系			
B19	李尼倒	肖艾惹	妻子	李岩块	孙子
		李尼嘎	长子		
		李叶倒	长女		

项目	结果	范围	平均（分项）	平均（总数）
基本信息				
几代人	3	1-3	2.23	2.21
在册人口	5	1-10	4.62	4.57
常住人口	5	0-9	3.75	3.67
被测身高人性别	男	男/女	-	-
建造年代	2005	1983-2011	-	-
住居层数	2	1-2	-	-
屋顶样式	-	圆/方	-	-
结构材料	木	木/砖	-	-
旱地（单位：亩）	5	0.50-8.00	2.60	1.36
水田（单位：亩）	10	4.00-17.60	8.58	4.51
竹子（单位：亩）	0.5	0.20-19.00	3.82	2.84
核桃（单位：亩）	8	0.80-24.00	6.88	3.27
茶叶（单位：亩）	12	1.00-25.00	3.59	2.60
杉木（单位：亩）	-	0.70-8.00	2.57	0.82
猪（单位：头）	5	1-15	4.81	3.57
牛（单位：头）	4	1-4	2.14	0.45
鸡（单位：头）	2	1-20	5.18	3.07
鸭（单位：只）	-	1-11	4.56	0.72
猫（单位：只）	-	1	1	0.02
狗（单位：只）	-	1	1	0.07
长度（单位：mm）				
身高	1530	1350-1710	1578.27	-
坐高	950	850-1090	984.26	-
入口门高	1800	1400-2040	1723.63	-
晒台门高	1310	785-1880	1186.61	-
墙窗窗洞高	-	300-1230	565.27	-
墙窗下沿高	-	100-1300	822	-

位置图

亲属关系位置图

B19 李尼倒

B02 李三木嘎
B12 李饿宽
C22 李应生
E01 李艾门
C12 李赛惹
A05 李六那

项目	结果	范围	平均（分项）	平均（总数）
墙窗上沿高	1410	1170-1950	1406.48	-
顶窗窗洞高	-	300-1400	1031.43	-
顶窗下沿高	-	730-1500	1027.50	-
顶窗上下沿进深	-	500-1800	1007.14	-
室内梁高	2100	1640-2550	2017.86	-
火塘上架子高	1600	1200-1650	1447.50	-
面积（单位：㎡）				
院子	229.35	96.50-159.63	235.64	235.64
住居	73.49	28.16-110.52	59.12	59.12
晾晒	71.38	6.11-106.15	43.10	40.54
种植	-	1.29-274.76	33.03	15.37
用水	1.85	0.38-9.80	3.02	2.90
饲养	36.97	2.20-75.17	18.92	17.98
附属	-	3.36-28.58	14.45	2.86
加建	-	4.81-50.00	23.81	2.59
前室平台	4.89	2.15-13.80	6.43	5.41
起居室	39.76	22.31-70.03	40.02	40.02
供位	1.20	0.54-3.68	1.93	1.89
内室	8.30	2.10-9.00	4.26	4.13
晒台	14.29	1.53-29.04	8.80	5.13
火塘区域	3.26	1.20-3.60	2.43	2.31
主人区域	5.21	1.79-9.00	4.81	4.66
祭祀区域	4.20	1.41-7.22	3.95	3.95
会客区域	8.14	1.88-15.63	7.11	6.90
餐厨区域	9.44	1.46-14.43	5.55	5.39
就寝区域	5.81	1.76-17.23	7.92	7.77
生水区域	2.80	0.54-6.17	2.11	1.46
储藏区域	8.49	1.12-16.86	7.11	6.89

住居平面图

住居功能平面图

院落

住居大门

住居整体形象

住居室内

火塘

069

| 田叶茸 | 妻子 |
| 李艾块 | 长子 |

项目	结果	范围	平均（分项）	平均（总数）
基本信息				
几代人	2	1-3	2.23	2.21
在册人口	3	1-10	4.62	4.57
常住人口	2	0-9	3.75	3.67
被测身高人性别	男	男/女	-	-
建造年代	2002	1983-2011	-	-
住居层数	2	1-2	-	-
屋顶样式	-	圆/方	-	-
结构材料	木	木/砖	-	-
旱地（单位：亩）	1.2	0.50-8.00	2.60	1.36
水田（单位：亩）	6.8	4.00-17.60	8.58	4.51
竹子（单位：亩）	0.3	0.20-19.00	3.82	2.84
核桃（单位：亩）	2.1	0.80-24.00	6.88	3.27
茶叶（单位：亩）	2	1.00-25.00	3.59	2.60
杉木（单位：亩）	-	0.70-8.00	2.57	0.82
猪（单位：头）	6	1-15	4.81	3.57
牛（单位：头）	-	1-4	2.14	0.45
鸡（单位：头）	8	1-20	5.18	3.07
鸭（单位：只）	5	1-11	4.56	0.72
猫（单位：只）	-	1	1	0.02
狗（单位：只）	-	1	1	0.07
长度（单位：mm）				
身高	1540	1350-1710	1578.27	-
坐高	1020	850-1090	984.26	-
入口门高	1725	1400-2040	1723.63	-
晒台门高	1250	785-1880	1186.61	-
墙窗窗洞高	500	300-1230	565.27	-
墙窗下沿高	725	100-1300	822	-

位置图

亲属关系位置图

B19 李尼倒

B02　李三木嘎
B12　李饿宽
C22　李应生
E01　李艾门
C12　李赛惹
A05　李六那

304

项目	结果	范围	平均（分项）	平均（总数）
墙窗上沿高	1400	1170-1950	1406.48	-
顶窗窗洞高	-	300-1400	1031.43	
顶窗下沿高	-	730-1500	1027.50	
顶窗上下沿进深	-	500-1800	1007.14	
室内梁高	2000	1640-2550	2017.86	
火塘上架子高	1400	1200-1650	1447.50	
面积（单位：㎡）				
院子	233.96	96.50-159.63	235.64	235.64
住居	57.21	28.16-110.52	59.12	59.12
晾晒	100.90	6.11-106.15	43.10	40.54
种植	-	1.29-274.76	33.03	15.37
用水	1.86	0.38-9.80	3.02	2.90
饲养	13.74	2.20-75.17	18.92	17.98
附属	-	3.36-28.58	14.45	2.86
加建	-	4.81-50.00	23.81	2.59
前室平台	3.31	2.15-13.80	6.43	5.41
起居室	28.05	22.31-70.03	40.02	40.02
供位	1.75	0.54-3.68	1.93	1.89
内室	3.64	2.10-9.00	4.26	4.13
晒台	-	1.53-29.04	8.80	5.13
火塘区域	1.74	1.20-3.60	2.43	2.31
主人区域	6.19	1.79-9.00	4.81	4.66
祭祀区域	2.58	1.41-7.22	3.95	3.95
会客区域	6.31	1.88-15.63	7.11	6.90
餐厨区域	5.20	1.46-14.43	5.55	5.39
就寝区域	2.53	1.76-17.23	7.92	7.77
生水区域	1.43	0.54-6.17	2.11	1.46
储藏区域	7.42	1.12-16.86	7.11	6.89

住居平面图

住居功能平面图

院落

住居入口

住居整体形象

住居室内

火塘

070

编号	户主姓名	家庭成员姓名及与户主的关系
B12	李俄宽	肖依倒　妻子 李三木嘎　长子

项目	结果	范围	平均（分项）	平均（总数）
基本信息				
几代人	2	1-3	2.23	2.21
在册人口	3	1-10	4.62	4.57
常住人口	1	0-9	3.75	3.67
被测身高人性别	女	男/女	-	
建造年代	2007	1983-2011	-	
住居层数	2	1-2	-	
屋顶样式	圆	圆/方	-	
结构材料	木	木/砖	-	
旱地（单位：亩）	1.6	0.50-8.00	2.60	1.36
水田（单位：亩）	8.3	4.00-17.60	8.58	4.51
竹子（单位：亩）	0.4	0.20-19.00	3.82	2.84
核桃（单位：亩）	2.3	0.80-24.00	6.88	3.27
茶叶（单位：亩）	3	1.00-25.00	3.59	2.60
杉木（单位：亩）	2	0.70-8.00	2.57	0.82
猪（单位：头）	-	1-15	4.81	3.57
牛（单位：头）	-	1-4	2.14	0.45
鸡（单位：头）	-	1-20	5.18	3.07
鸭（单位：只）	-	1-11	4.56	0.72
猫（单位：只）	-	1	1	0.02
狗（单位：只）	-	1	1	0.07
长度（单位：mm）				
身高	1500	1350-1710	1578.27	-
坐高	940	850-1090	984.26	-
入口门高	1750	1400-2040	1723.63	-
晒台门高	1300	785-1880	1186.61	-
墙窗窗洞高	-	300-1230	565.27	
墙窗下沿高	-	100-1300	822	

位置图

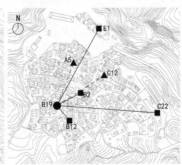

亲属关系位置图

B19 李尼倒

B02 李三木嘎
B12 李饿宽
C22 李应生
E01 李艾门
C12 李赛惹
A05 李六那

项目	结果	范围	平均（分项）	平均（总数）
墙窗上沿高	1430	1170-1950	1406.48	-
顶窗窗洞高	-	300-1400	1031.43	-
顶窗下沿高	-	730-1500	1027.50	-
顶窗上下沿进深	-	500-1800	1007.14	-
室内梁高	1920	1640-2550	2017.86	-
火塘上架子高	1530	1200-1650	1447.50	-
面积（单位：㎡）				
院子	229.53	96.50-159.63	235.64	235.64
住居	68.44	28.16-110.52	59.12	59.12
晾晒	23.51	6.11-106.15	43.10	40.54
种植	-	1.29-274.76	33.03	15.37
用水	1.23	0.38-9.80	3.02	2.90
饲养	13.13	2.20-75.17	18.92	17.98
附属	-	3.36-28.58	14.45	2.86
加建	-	4.81-50.00	23.81	2.59
前室平台	7.29	2.15-13.80	6.43	5.41
起居室	46.20	22.31-70.03	40.02	40.02
供位	1.50	0.54-3.68	1.93	1.89
内室	4.46	2.10-9.00	4.26	4.13
晒台	6.78	1.53-29.04	8.80	5.13
火塘区域	2.17	1.20-3.60	2.43	2.31
主人区域	5.08	1.79-9.00	4.81	4.66
祭祀区域	3.99	1.41-7.22	3.95	3.95
会客区域	9.41	1.88-15.63	7.11	6.90
餐厨区域	5.35	1.46-14.43	5.55	5.39
就寝区域	7.80	1.76-17.23	7.92	7.77
生水区域	-	0.54-6.17	2.11	1.46
储藏区域	10.68	1.12-16.86	7.11	6.89

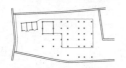

住居平面图

住居功能平面图

院落

住居入口

住居整体形象

室内

火塘

071

编号	户主姓名	家庭成员姓名及与户主的关系
C22	李应生	肖依倒　妻子 李艾惹　长子 李你那　次子

项目	结果	范围	平均（分项）	平均（总数）
基本信息				
几代人	2	1-3	2.23	2.21
在册人口	4	1-10	4.62	4.57
常住人口	4	0-9	3.75	3.67
被测身高人性别	女	男／女	-	-
建造年代	2002	1983-2011	-	-
住居层数	1	1-2	-	-
屋顶样式	-	圆／方	-	-
结构材料	木	木／砖	-	-
旱地（单位：亩）	-	0.50-8.00	2.60	1.36
水田（单位：亩）	5	4.00-17.60	8.58	4.51
竹子（单位：亩）	0.3	0.20-19.00	3.82	2.84
核桃（单位：亩）	5	0.80-24.00	6.88	3.27
茶叶（单位：亩）	2.5	1.00-25.00	3.59	2.60
杉木（单位：亩）	-	0.70-8.00	2.57	0.82
猪（单位：头）	5	1-15	4.81	3.57
牛（单位：头）	-	1-4	2.14	0.45
鸡（单位：头）	-	1-20	5.18	3.07
鸭（单位：只）	-	1-11	4.56	0.72
猫（单位：只）	-	1	1	0.02
狗（单位：只）	-	1	1	0.07
长度（单位：mm）				
身高	1550	1350-1710	1578.27	-
坐高	980	850-1090	984.26	-
入口门高	1650	1400-2040	1723.63	-
晒台门高	-	785-1880	1186.61	-
墙窗窗洞高	650	300-1230	565.27	-
墙窗下沿高	1100	100-1300	822	-

位置图

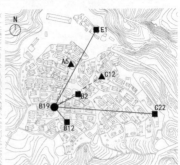

亲属关系位置图

B19 李尼倒

B02　李三木嘎
B12　李饿宽
C22　李应生
E01　李艾门
C12　李赛惹
A05　李六那

项目	结果	范围	平均（分项）	平均（总数）
墙窗上沿高	-	1170-1950	1406.48	-
顶窗窗洞高		300-1400	1031.43	
顶窗下沿高		730-1500	1027.50	
顶窗上下沿进深		500-1800	1007.14	
室内梁高	2000	1640-2550	2017.86	
火塘上架子高	1600	1200-1650	1447.50	
面积（单位：㎡）				
院子	230.27	96.50-159.63	235.64	235.64
住居	34.35	28.16-110.52	59.12	59.12
晾晒	52.58	6.11-106.15	43.10	40.54
种植	1.92	1.29-274.76	33.03	15.37
用水	1.80	0.38-9.80	3.02	2.90
饲养	12.71	2.20-75.17	18.92	17.98
附属	-	3.36-28.58	14.45	2.86
加建	-	4.81-50.00	23.81	2.59
前室平台	-	2.15-13.80	6.43	5.41
起居室	47.46	22.31-70.03	40.02	40.02
供位	1.30	0.54-3.68	1.93	1.89
内室	2.91	2.10-9.00	4.26	4.13
晒台	-	1.53-29.04	8.80	5.13
火塘区域	1.44	1.20-3.60	2.43	2.31
主人区域	2.73	1.79-9.00	4.81	4.66
祭祀区域	3.53	1.41-7.22	3.95	3.95
会客区域	4.93	1.88-15.63	7.11	6.90
餐厨区域	3.52	1.46-14.43	5.55	5.39
就寝区域	4.49	1.76-17.23	7.92	7.77
生水区域	1.44	0.54-6.17	2.11	1.46
储藏区域	4.57	1.12-16.86	7.11	6.89

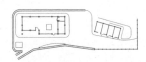

住居平面图

住居功能平面图

071

院落　　　　　住居入口

住居整体形象

住居室内

火塘

072

编号	户主姓名	家庭成员姓名及与户主的关系			
E01	李艾门	李尼茸	父亲	李玉华	儿子
		肖欧嘎	妻子	李玉花	女儿
		李玉兵	儿子		

项目	结果	范围	平均（分项）	平均（总数）
基本信息				
几代人	3	1-3	2.23	2.21
在册人口	6	1-10	4.62	4.57
常住人口	6	0-9	3.75	3.67
被测身高人性别	男	男/女	-	-
建造年代	2000	1983-2011	-	-
住居层数	2	1-2	-	-
屋顶样式	-	圆/方	-	-
结构材料	木	木/砖	-	-
旱地（单位：亩）	2.4	0.50-8.00	2.60	1.36
水田（单位：亩）	10.5	4.00-17.60	8.58	4.51
竹子（单位：亩）	7	0.20-19.00	3.82	2.84
核桃（单位：亩）	8.4	0.80-24.00	6.88	3.27
茶叶（单位：亩）	2.4	1.00-25.00	3.59	2.60
杉木（单位：亩）	1	0.70-8.00	2.57	0.82
猪（单位：头）	6	1-15	4.81	3.57
牛（单位：头）	-	1-4	2.14	0.45
鸡（单位：头）	2	1-20	5.18	3.07
鸭（单位：只）	-	1-11	4.56	0.72
猫（单位：只）	1	1	1	0.02
狗（单位：只）	1	1	1	0.07
长度(单位：mm)				
身高	1540	1350-1710	1578.27	-
坐高	970	850-1090	984.26	-
入口门高	1750	1400-2040	1723.63	-
晒台门高	1180	785-1880	1186.61	-
墙窗窗洞高	400	300-1230	565.27	-
墙窗下沿高	780	100-1300	822	-

位置图

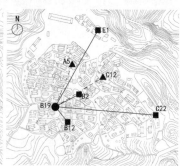

亲属关系位置图

B19 李尼倒
B02 李三木嘎
B12 李饿宽
C22 李应生
E01 李艾门
C12 李赛惹
A05 李六那

项目	结果	范围	平均（分项）	平均（总数）
墙窗上沿高	1350	1170-1950	1406.48	-
顶窗窗洞高	-	300-1400	1031.43	-
顶窗下沿高	-	730-1500	1027.50	-
顶窗上下沿进深	-	500-1800	1007.14	-
室内梁高	2100	1640-2550	2017.86	-
火塘上架子高	1500	1200-1650	1447.50	-
面积（单位：㎡）				
院子	409.75	96.50-159.63	235.64	235.64
住居	69.60	28.16-110.52	59.12	59.12
晾晒	63.44	6.11-106.15	43.10	40.54
种植	37.74	1.29-274.76	33.03	15.37
用水	6.21	0.38-9.80	3.02	2.90
饲养	37.89	2.20-75.17	18.92	17.98
附属	28.58	3.36-28.58	14.45	2.86
加建	35.42	4.81-50.00	23.81	2.59
前室平台	4.02	2.15-13.80	6.43	5.41
起居室	70.03	22.31-70.03	40.02	40.02
供位	2.40	0.54-3.68	1.93	1.89
内室	4.16	2.10-9.00	4.26	4.13
晒台	6.84	1.53-29.04	8.80	5.13
火塘区域	3.31	1.20-3.60	2.43	2.31
主人区域	3.99	1.79-9.00	4.81	4.66
祭祀区域	4.35	1.41-7.22	3.95	3.95
会客区域	6.25	1.88-15.63	7.11	6.90
餐厨区域	4.88	1.46-14.43	5.55	5.39
就寝区域	11.60	1.76-17.23	7.92	7.77
生水区域	2.70	0.54-6.17	2.11	1.46
储藏区域	6.44	1.12-16.86	7.11	6.89

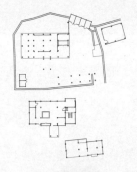

住居平面图

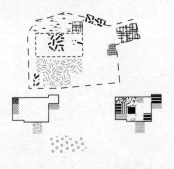

住居功能平面图

317

院落　　　　　　　　　住居入口

住居整体形象

住居室内

火塘

073

编号	户主姓名	家庭成员姓名及与户主的关系
C12	李赛惹（小）	田安到　妻子 李叶不勒　女儿 李依改　女儿

项目	结果	范围	平均（分项）	平均（总数）
基本信息				
几代人	2	1-3	2.23	2.21
在册人口	4	1-10	4.62	4.57
常住人口	4	0-9	3.75	3.67
被测身高人性别	男	男/女	-	
建造年代	2000	1983-2011	-	
住居层数	2	1-2	-	
屋顶样式	-	圆/方	-	
结构材料	木	木/砖	-	
旱地（单位：亩）	4.7	0.50-8.00	2.60	1.36
水田（单位：亩）	12.1	4.00-17.60	8.58	4.51
竹子（单位：亩）	2	0.20-19.00	3.82	2.84
核桃（单位：亩）	8.1	0.80-24.00	6.88	3.27
茶叶（单位：亩）	4.7	1.00-25.00	3.59	2.60
杉木（单位：亩）	-	0.70-8.00	2.57	0.82
猪（单位：头）	-	1-15	4.81	3.57
牛（单位：头）	-	1-4	2.14	0.45
鸡（单位：头）	-	1-20	5.18	3.07
鸭（单位：只）	-	1-11	4.56	0.72
猫（单位：只）	-	1	1	0.02
狗（单位：只）	-	1	1	0.07
长度（单位：mm）				
身高	1650	1350-1710	1578.27	-
坐高	1050	850-1090	984.26	-
入口门高	1650	1400-2040	1723.63	-
晒台门高	1320	785-1880	1186.61	-
墙窗窗洞高	470	300-1230	565.27	-
墙窗下沿高	900	100-1300	822	-

位置图

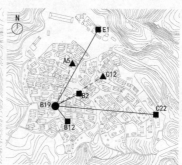

亲属关系位置图

B19　李尼倒
B02　李三木嘎
B12　李饿宽
C22　李应生
E01　李艾门
C12　李赛惹
A05　李六那

320

项目	结果	范围	平均（分项）	平均（总数）
墙窗上沿高	1440	1170-1950	1406.48	-
顶窗窗洞高	-	300-1400	1031.43	-
顶窗下沿高	-	730-1500	1027.50	-
顶窗上下沿进深	-	500-1800	1007.14	-
室内梁高	1970	1640-2550	2017.86	-
火塘上架子高	1480	1200-1650	1447.50	-
面积（单位：㎡）				
院子	241.99	96.50-159.63	235.64	235.64
住居	58.30	28.16-110.52	59.12	59.12
晾晒	39.77	6.11-106.15	43.10	40.54
种植	30.64	1.29-274.76	33.03	15.37
用水	1.43	0.38-9.80	3.02	2.90
饲养	21.80	2.20-75.17	18.92	17.98
附属	-	3.36-28.58	14.45	2.86
加建	-	4.81-50.00	23.81	2.59
前室平台	6.09	2.15-13.80	6.43	5.41
起居室	61.41	22.31-70.03	40.02	40.02
供位	2.10	0.54-3.68	1.93	1.89
内室	3.75	2.10-9.00	4.26	4.13
晒台	9.55	1.53-29.04	8.80	5.13
火塘区域	2.08	1.20-3.60	2.43	2.31
主人区域	4.92	1.79-9.00	4.81	4.66
祭祀区域	7.22	1.41-7.22	3.95	3.95
会客区域	7.29	1.88-15.63	7.11	6.90
餐厨区域	6.83	1.46-14.43	5.55	5.39
就寝区域	12.63	1.76-17.23	7.92	7.77
生水区域	2.06	0.54-6.17	2.11	1.46
储藏区域	8.72	1.12-16.86	7.11	6.89

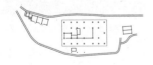

住居平面图   住居功能平面图

073

院落

住居入口

住居整体形象

住居室内

火塘

074

编号	户主姓名	家庭成员姓名及与户主的关系	
A05	李六那	肖叶噶　妻子 李叶到　女儿 李依新　女儿	

项目	结果	范围	平均（分项）	平均（总数）
基本信息				
几代人	2	1-3	2.23	2.21
在册人口	4	1-10	4.62	4.57
常住人口	4	0-9	3.75	3.67
被测身高人性别	男	男/女	-	-
建造年代	2003	1983-2011	-	-
住居层数	2	1-2	-	-
屋顶样式	-	圆/方	-	-
结构材料	木	木/砖	-	-
旱地（单位：亩）	2.7	0.50-8.00	2.60	1.36
水田（单位：亩）	7.4	4.00-17.60	8.58	4.51
竹子（单位：亩）	1	0.20-19.00	3.82	2.84
核桃（单位：亩）	4	0.80-24.00	6.88	3.27
茶叶（单位：亩）	2.7	1.00-25.00	3.59	2.60
杉木（单位：亩）	-	0.70-8.00	2.57	0.82
猪（单位：头）	-	1-15	4.81	3.57
牛（单位：头）	-	1-4	2.14	0.45
鸡（单位：头）	-	1-20	5.18	3.07
鸭（单位：只）	-	1-11	4.56	0.72
猫（单位：只）	-	1	1	0.02
狗（单位：只）	-	1	1	0.07
长度(单位：mm)				
身高	1500	1350-1710	1578.27	-
坐高	1020	850-1090	984.26	-
入口门高	1700	1400-2040	1723.63	-
晒台门高	-	785-1880	1186.61	-
墙窗窗洞高	600	300-1230	565.27	-
墙窗下沿高	1060	100-1300	822	

位置图

亲属关系位置图

B19 李尼倒

B02 李三木嘎
B12 李饿宽
C22 李应生
E01 李艾门
C12 李赛惹
A05 李六那

项目	结果	范围	平均（分项）	平均（总数）
墙窗上沿高	1700	1170-1950	1406.48	-
顶窗窗洞高	-	300-1400	1031.43	-
顶窗下沿高	-	730-1500	1027.50	-
顶窗上下沿进深	-	500-1800	1007.14	-
室内梁高	2000	1640-2550	2017.86	-
火塘上架子高	1600	1200-1650	1447.50	-
面积（单位：㎡）				
院子	233.63	96.50-159.63	235.64	235.64
住居	36.17	28.16-110.52	59.12	59.12
晾晒	30.80	6.11-106.15	43.10	40.54
种植	37.71	1.29-274.76	33.03	15.37
用水	2.59	0.38-9.80	3.02	2.90
饲养	8.40	2.20-75.17	18.92	17.98
附属	-	3.36-28.58	14.45	2.86
加建	-	4.81-50.00	23.81	2.59
前室平台	-	2.15-13.80	6.43	5.41
起居室	35.64	22.31-70.03	40.02	40.02
供位	1.23	0.54-3.68	1.93	1.89
内室	3.06	2.10-9.00	4.26	4.13
晒台	-	1.53-29.04	8.80	5.13
火塘区域	1.26	1.20-3.60	2.43	2.31
主人区域	4.75	1.79-9.00	4.81	4.66
祭祀区域	4.20	1.41-7.22	3.95	3.95
会客区域	5.67	1.88-15.63	7.11	6.90
餐厨区域	5.77	1.46-14.43	5.55	5.39
就寝区域	6.11	1.76-17.23	7.92	7.77
生水区域	-	0.54-6.17	2.11	1.46
储藏区域	1.12	1.12-16.86	7.11	6.89

住居平面图

住居功能平面图

074

院落

住居整体形象

住居室内

火塘

075	编号	户主姓名	家庭成员姓名及与户主的关系
	B06	李岩块	不 详　二弟　不 详　儿子 不 详　三弟 不 详　妻子

项目	结果	范围	平均（分项）	平均（总数）
基本信息				
几代人	2	1-3	2.23	2.21
在册人口	5	1-10	4.62	4.57
常住人口	3	0-9	3.75	3.67
被测身高人性别	男	男/女	-	-
建造年代	2004	1983-2011	-	-
住居层数	2	1-2	-	-
屋顶样式	-	圆/方	-	-
结构材料	木	木/砖	-	-
旱地（单位：亩）	-	0.50-8.00	2.60	1.36
水田（单位：亩）	-	4.00-17.60	8.58	4.51
竹子（单位：亩）	-	0.20-19.00	3.82	2.84
核桃（单位：亩）	-	0.80-24.00	6.88	3.27
茶叶（单位：亩）	-	1.00-25.00	3.59	2.60
杉木（单位：亩）	-	0.70-8.00	2.57	0.82
猪（单位：头）	3	1-15	4.81	3.57
牛（单位：头）	2	1-4	2.14	0.45
鸡（单位：头）	6	1-20	5.18	3.07
鸭（单位：只）		1-11	4.56	0.72
猫（单位：只）	-	1	1	0.02
狗（单位：只）	-	1	1	0.07
长度（单位：mm）				
身高	1580	1350-1710	1578.27	-
坐高	1050	850-1090	984.26	-
入口门高	1700	1400-2040	1723.63	-
晒台门高	1150	785-1880	1186.61	-
墙窗窗洞高	500	300-1230	565.27	-
墙窗下沿高	680	100-1300	822	

位置图

亲属关系位置图

B06 李岩块
B03 李成
C16 李宏
C14 李赛惹

项目	结果	范围	平均（分项）	平均（总数）
墙窗上沿高	1360	1170-1950	1406.48	-
顶窗窗洞高	-	300-1400	1031.43	-
顶窗下沿高	-	730-1500	1027.50	-
顶窗上下沿进深	-	500-1800	1007.14	-
室内梁高	2000	1640-2550	2017.86	-
火塘上架子高	1545	1200-1650	1447.50	-
面积（单位：㎡）				
院子	231.02	96.50-159.63	235.64	235.64
住居	70.50	28.16-110.52	59.12	59.12
晾晒	49.80	6.11-106.15	43.10	40.54
种植	1.29	1.29-274.76	33.03	15.37
用水	4.62	0.38-9.80	3.02	2.90
饲养	24.56	2.20-75.17	18.92	17.98
附属	-	3.36-28.58	14.45	2.86
加建	-	4.81-50.00	23.81	2.59
前室平台	3.83	2.15-13.80	6.43	5.41
起居室	54.97	22.31-70.03	40.02	40.02
供位	2.10	0.54-3.68	1.93	1.89
内室	4.50	2.10-9.00	4.26	4.13
晒台	7.72	1.53-29.04	8.80	5.13
火塘区域	2.24	1.20-3.60	2.43	2.31
主人区域	4.80	1.79-9.00	4.81	4.66
祭祀区域	2.60	1.41-7.22	3.95	3.95
会客区域	11.89	1.88-15.63	7.11	6.90
餐厨区域	4.70	1.46-14.43	5.55	5.39
就寝区域	14.17	1.76-17.23	7.92	7.77
生水区域	1.91	0.54-6.17	2.11	1.46
储藏区域	6.86	1.12-16.86	7.11	6.89

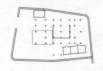

住居平面图

住居功能平面图

075

院落

住居入口

住居整体形象

住居室内

火塘

编号	户主姓名	家庭成员姓名及与户主的关系	
B03	李成	杨小四	母亲
		不　详	妻子
		李云龙	长子

项目	结果	范围	平均（分项）	平均（总数）
基本信息				
几代人	3	1-3	2.23	2.21
在册人口	4	1-10	4.62	4.57
常住人口	4	0-9	3.75	3.67
被测身高人性别	男	男/ 女	-	-
建造年代	2006	1983-2011	-	-
住居层数	1	1-2	-	-
屋顶样式	-	圆/ 方	-	-
结构材料	木	木/ 砖	-	-
旱地（单位：亩）	4	0.50-8.00	2.60	1.36
水田（单位：亩）	4	4.00-17.60	8.58	4.51
竹子（单位：亩）	3	0.20-19.00	3.82	2.84
核桃（单位：亩）	-	0.80-24.00	6.88	3.27
茶叶（单位：亩）	2	1.00-25.00	3.59	2.60
杉木（单位：亩）	-	0.70-8.00	2.57	0.82
猪（单位：头）	5	1-15	4.81	3.57
牛（单位：头）	-	1-4	2.14	0.45
鸡（单位：头）	2	1-20	5.18	3.07
鸭（单位：只）	-	1-11	4.56	0.72
猫（单位：只）	-	1	1	0.02
狗（单位：只）	-	1	1	0.07
长度（单位：mm）				
身高	1670	1350-1710	1578.27	-
坐高	970	850-1090	984.26	-
入口门高	2040	1400-2040	1723.63	-
晒台门高	-	785-1880	1186.61	-
墙窗窗洞高	-	300-1230	565.27	-
墙窗下沿高	-	100-1300	822	-

位置图

亲属关系位置图

B06 李岩块
B03 李成
C16 李宏
C14 李赛惹

项目	结果	范围	平均（分项）	平均（总数）
墙窗上沿高	-	1170-1950	1406.48	-
顶窗窗洞高	-	300-1400	1031.43	-
顶窗下沿高	-	730-1500	1027.50	-
顶窗上下沿进深	-	500-1800	1007.14	-
室内梁高	2020	1640-2550	2017.86	-
火塘上架子高	1630	1200-1650	1447.50	-
面积（单位：㎡）				
院子	211.55	96.50-159.63	235.64	235.64
住居	40.46	28.16-110.52	59.12	59.12
晾晒	40.19	6.11-106.15	43.10	40.54
种植	-	1.29-274.76	33.03	15.37
用水	2.15	0.38-9.80	3.02	2.90
饲养	8.10	2.20-75.17	18.92	17.98
附属	-	3.36-28.58	14.45	2.86
加建	-	4.81-50.00	23.81	2.59
前室平台	6.20	2.15-13.80	6.43	5.41
起居室	22.31	22.31-70.03	40.02	40.02
供位	1.22	0.54-3.68	1.93	1.89
内室	2.70	2.10-9.00	4.26	4.13
晒台	-	1.53-29.04	8.80	5.13
火塘区域	1.38	1.20-3.60	2.43	2.31
主人区域	3.13	1.79-9.00	4.81	4.66
祭祀区域	2.51	1.41-7.22	3.95	3.95
会客区域	4.25	1.88-15.63	7.11	6.90
餐厨区域	2.18	1.46-14.43	5.55	5.39
就寝区域	7.09	1.76-17.23	7.92	7.77
生水区域	-	0.54-6.17	2.11	1.46
储藏区域	4.22	1.12-16.86	7.11	6.89

住居平面图

住居功能平面图

076

院落

住居入口

住居整体形态

住居室内　　　　火塘

077

	编号	户主姓名	家庭成员姓名及与户主的关系			
	C16	李宏	肖欧门	妻子	李依那	女儿
			肖依帅	母亲	李尼摸	儿子
			李叶茸	女儿		

项目	结果	范围	平均（分项）	平均（总数）
基本信息				
几代人	3	1-3	2.23	2.21
在册人口	6	1-10	4.62	4.57
常住人口	3	0-9	3.75	3.67
被测身高人性别	男	男/女	-	-
建造年代	2001	1983-2011	-	-
住居层数	2	1-2	-	-
屋顶样式	-	圆/方	-	-
结构材料	木	木/砖	-	-
旱地（单位：亩）	2.1	0.50-8.00	2.60	1.36
水田（单位：亩）	10.9	4.00-17.60	8.58	4.51
竹子（单位：亩）	1	0.20-19.00	3.82	2.84
核桃（单位：亩）	6.8	0.80-24.00	6.88	3.27
茶叶（单位：亩）	2.1	1.00-25.00	3.59	2.60
杉木（单位：亩）	2	0.70-8.00	2.57	0.82
猪（单位：头）	5	1-15	4.81	3.57
牛（单位：头）	-	1-4	2.14	0.45
鸡（单位：头）	4	1-20	5.18	3.07
鸭（单位：只）	-	1-11	4.56	0.72
猫（单位：只）	-	1	1	0.02
狗（单位：只）	-	1	1	0.07
长度（单位：mm）				
身高	1650	1350-1710	1578.27	-
坐高	1000	850-1090	984.26	-
入口门高	1730	1400-2040	1723.63	-
晒台门高	-	785-1880	1186.61	-
墙窗窗洞高	620	300-1230	565.27	-
墙窗下沿高	800	100-1300	822	-

B06 李岩块
B03 李成
C16 李宏
C14 李赛惹

位置图

亲属关系位置图

项目	结果	范围	平均（分项）	平均（总数）
墙窗上沿高	1500	1170-1950	1406.48	-
顶窗窗洞高	-	300-1400	1031.43	-
顶窗下沿高	-	730-1500	1027.50	-
顶窗上下沿进深	-	500-1800	1007.14	-
室内梁高	2050	1640-2550	2017.86	-
火塘上架子高	1500	1200-1650	1447.50	-
面积（单位：㎡）				
院子	426.33	96.50-159.63	235.64	235.64
住居	110.52	28.16-110.52	59.12	59.12
晾晒	56.74	6.11-106.15	43.10	40.54
种植	47.38	1.29-274.76	33.03	15.37
用水	3.60	0.38-9.80	3.02	2.90
饲养	26.15	2.20-75.17	18.92	17.98
附属	14.22	3.36-28.58	14.45	2.86
加建	26.25	4.81-50.00	23.81	2.59
前室平台	13.30	2.15-13.80	6.43	5.41
起居室	22.52	22.31-70.03	40.02	40.02
供位	2.40	0.54-3.68	1.93	1.89
内室	7.60	2.10-9.00	4.26	4.13
晒台	-	1.53-29.04	8.80	5.13
火塘区域	2.72	1.20-3.60	2.43	2.31
主人区域	8.58	1.79-9.00	4.81	4.66
祭祀区域	2.87	1.41-7.22	3.95	3.95
会客区域	15.63	1.88-15.63	7.11	6.90
餐厨区域	8.15	1.46-14.43	5.55	5.39
就寝区域	6.00	1.76-17.23	7.92	7.77
生水区域	1.90	0.54-6.17	2.11	1.46
储藏区域	11.39	1.12-16.86	7.11	6.89

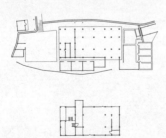

住居平面图

住居功能平面图

077

院落

伙居入口

住居整体形象

住居室内

火塘

	编号	户主姓名	家庭成员姓名及与户主的关系	
078	C14	李赛惹（大）	肖安帅　妻子 李岩块　儿子	

项目	结果	范围	平均（分项）	平均（总数）
基本信息				
几代人	2	1-3	2.23	2.21
在册人口	3	1-10	4.62	4.57
常住人口	3	0-9	3.75	3.67
被测身高人性别	男	男/女	-	-
建造年代	2002	1983-2011	-	-
住居层数	2	1-2	-	-
屋顶样式	-	圆/方	-	-
结构材料	木	木/砖	-	-
旱地（单位：亩）	2.6	0.50-8.00	2.60	1.36
水田（单位：亩）	6.5	4.00-17.60	8.58	4.51
竹子（单位：亩）	1	0.20-19.00	3.82	2.84
核桃（单位：亩）	3.8	0.80-24.00	6.88	3.27
茶叶（单位：亩）	2.6	1.00-25.00	3.59	2.60
杉木（单位：亩）	4	0.70-8.00	2.57	0.82
猪（单位：头）	4	1-15	4.81	3.57
牛（单位：头）	1	1-4	2.14	0.45
鸡（单位：头）	3	1-20	5.18	3.07
鸭（单位：只）	-	1-11	4.56	0.72
猫（单位：只）	-	1	1	0.02
狗（单位：只）	-	1	1	0.07
长度(单位：mm)				
身高	1660	1350-1710	1578.27	-
坐高	1050	850-1090	984.26	-
入口门高	1720	1400-2040	1723.63	-
晒台门高	1150	785-1880	1186.61	-
墙窗窗洞高	-	300-1230	565.27	-
墙窗下沿高	-	100-1300	822	-

位置图

B06 李岩块
B03 李成
C16 李宏
C14 李赛惹

亲属关系位置图

项目	结果	范围	平均（分项）	平均（总数）
墙窗上沿高	1300	1170-1950	1406.48	-
顶窗窗洞高	-	300-1400	1031.43	-
顶窗下沿高	-	730-1500	1027.50	-
顶窗上下沿进深	-	500-1800	1007.14	-
室内梁高	2100	1640-2550	2017.86	-
火塘上架子高	1480	1200-1650	1447.50	-
面积（单位：㎡）				
院子	225.95	96.50-159.63	235.64	235.64
住居	61.79	28.16-110.52	59.12	59.12
晾晒	15.07	6.11-106.15	43.10	40.54
种植	-	1.29-274.76	33.03	15.37
用水	2.13	0.38-9.80	3.02	2.90
饲养	29.29	2.20-75.17	18.92	17.98
附属	-	3.36-28.58	14.45	2.86
加建	-	4.81-50.00	23.81	2.59
前室平台	3.00	2.15-13.80	6.43	5.41
起居室	28.70	22.31-70.03	40.02	40.02
供位	2.03	0.54-3.68	1.93	1.89
内室	3.55	2.10-9.00	4.26	4.13
晒台	6.16	1.53-29.04	8.80	5.13
火塘区域	2.52	1.20-3.60	2.43	2.31
主人区域	3.71	1.79-9.00	4.81	4.66
祭祀区域	3.10	1.41-7.22	3.95	3.95
会客区域	8.82	1.88-15.63	7.11	6.90
餐厨区域	4.37	1.46-14.43	5.55	5.39
就寝区域	4.95	1.76-17.23	7.92	7.77
生水区域	2.47	0.54-6.17	2.11	1.46
储藏区域	5.67	1.12-16.86	7.11	6.89

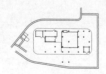

住居平面图

住居功能平面图

078

院

住居入口

住居整体形象

住居室内

火塘

编号	户主姓名	家庭成员姓名及与户主的关系			
B17	李岩块	肖叶嘎	母亲	李三木茸	弟弟
		杨依门	妻子	李依伞	妹妹
		李叶洗	长女	李欧列	次女

项目	结果	范围	平均（分项）	平均（总数）
基本信息				
几代人	2	1-3	2.23	2.21
在册人口	7	1-10	4.62	4.57
常住人口	5	0-9	3.75	3.67
被测身高人性别	男	男/ 女	-	-
建造年代	2001	1983-2011	-	-
住居层数	2	1-2	-	-
屋顶样式	-	圆/ 方	-	-
结构材料	木	木/ 砖	-	-
旱地（单位：亩）	1.3	0.50-8.00	2.60	1.36
水田（单位：亩）	12.6	4.00-17.60	8.58	4.51
竹子（单位：亩）	0.5	0.20-19.00	3.82	2.84
核桃（单位：亩）	6.9	0.80-24.00	6.88	3.27
茶叶（单位：亩）	2	1.00-25.00	3.59	2.60
杉木（单位：亩）	-	0.70-8.00	2.57	0.82
猪（单位：头）	7	1-15	4.81	3.57
牛（单位：头）	-	1-4	2.14	0.45
鸡（单位：头）	10	1-20	5.18	3.07
鸭（单位：只）	-	1-11	4.56	0.72
猫（单位：只）	-	1	1	0.02
狗（单位：只）	-	1	1	0.07
长度(单位：mm)				
身高	1600	1350-1710	1578.27	-
坐高	1040	850-1090	984.26	-
入口门高	1760	1400-2040	1723.63	-
晒台门高	1430	785-1880	1186.61	-
墙窗窗洞高	550	300-1230	565.27	-
墙窗下沿高	730	100-1300	822	-

位置图

B17 李岩块
B21 李俄倒

亲属关系位置图

项目	结果	范围	平均（分项）	平均（总数）
墙窗上沿高	1320	1170-1950	1406.48	-
顶窗窗洞高	-	300-1400	1031.43	-
顶窗下沿高	-	730-1500	1027.50	-
顶窗上下沿进深	-	500-1800	1007.14	-
室内梁高	2010	1640-2550	2017.86	-
火塘上架子高	1500	1200-1650	1447.50	-
面积（单位：㎡）				
院子	314.00	96.50-159.63	235.64	235.64
住居	68.15	28.16-110.52	59.12	59.12
晾晒	106.15	6.11-106.15	43.10	40.54
种植	6.96	1.29-274.76	33.03	15.37
用水	2.02	0.38-9.80	3.02	2.90
饲养	22.91	2.20-75.17	18.92	17.98
附属	-	3.36-28.58	14.45	2.86
加建	14.82	4.81-50.00	23.81	2.59
前室平台	3.19	2.15-13.80	6.43	5.41
起居室	46.78	22.31-70.03	40.02	40.02
供位	2.55	0.54-3.68	1.93	1.89
内室	4.50	2.10-9.00	4.26	4.13
晒台	7.05	1.53-29.04	8.80	5.13
火塘区域	2.39	1.20-3.60	2.43	2.31
主人区域	5.05	1.79-9.00	4.81	4.66
祭祀区域	6.88	1.41-7.22	3.95	3.95
会客区域	8.45	1.88-15.63	7.11	6.90
餐厨区域	5.85	1.46-14.43	5.55	5.39
就寝区域	7.55	1.76-17.23	7.92	7.77
生水区域	3.36	0.54-6.17	2.11	1.46
储藏区域	1.95	1.12-16.86	7.11	6.89

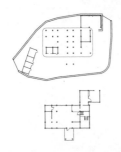

住居平面图

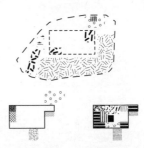

住居功能平面图

079

院落

住居入口

住居整体形象

住居室内

火塘

080

编号	户主姓名	家庭成员姓名及与户主的关系		
B21	李俄倒	田安倒	妻子	肖叶兴　儿媳
		李艾搞	长子	
		李艾惹	孙子	

项目	结果	范围	平均（分项）	平均（总数）
基本信息				
几代人	2	1-3	2.23	2.21
在册人口	5	1-10	4.62	4.57
常住人口	5	0-9	3.75	3.67
被测身高人性别	男	男/女	-	-
建造年代	2004	1983-2011	-	-
住居层数	2	1-2	-	-
屋顶样式	-	圆/方	-	-
结构材料	木	木/砖	-	-
旱地（单位：亩）	-	0.50-8.00	2.60	1.36
水田（单位：亩）	6	4.00-17.60	8.58	4.51
竹子（单位：亩）	5	0.20-19.00	3.82	2.84
核桃（单位：亩）	2.8	0.80-24.00	6.88	3.27
茶叶（单位：亩）	2	1.00-25.00	3.59	2.60
杉木（单位：亩）	-	0.70-8.00	2.57	0.82
猪（单位：头）	6	1-15	4.81	3.57
牛（单位：头）	1	1-4	2.14	0.45
鸡（单位：头）		1-20	5.18	3.07
鸭（单位：只）		1-11	4.56	0.72
猫（单位：只）	-	1	1	0.02
狗（单位：只）	-	1	1	0.07
长度(单位：mm)				
身高	1570	1350-1710	1578.27	-
坐高	970	850-1090	984.26	-
入口门高	1745	1400-2040	1723.63	-
晒台门高	1120	785-1880	1186.61	-
墙窗窗洞高	450	300-1230	565.27	-
墙窗下沿高	700	100-1300	822	-

位置图

B17　李岩块
B21　李俄倒

亲属关系位置图

项目	结果	范围	平均（分项）	平均（总数）
墙窗上沿高	1360	1170-1950	1406.48	-
顶窗窗洞高	-	300-1400	1031.43	-
顶窗下沿高	-	730-1500	1027.50	-
顶窗上下沿进深	-	500-1800	1007.14	-
室内梁高	2050	1640-2550	2017.86	-
火塘上架子高	1450	1200-1650	1447.50	-
面积（单位：㎡）				
院子	261.30	96.50-159.63	235.64	235.64
住居	71.10	28.16-110.52	59.12	59.12
晾晒	69.30	6.11-106.15	43.10	40.54
种植	-	1.29-274.76	33.03	15.37
用水	2.64	0.38-9.80	3.02	2.90
饲养	10.59	2.20-75.17	18.92	17.98
附属	-	3.36-28.58	14.45	2.86
加建	-	4.81-50.00	23.81	2.59
前室平台	8.94	2.15-13.80	6.43	5.41
起居室	36.35	22.31-70.03	40.02	40.02
供位	2.72	0.54-3.68	1.93	1.89
内室	4.42	2.10-9.00	4.26	4.13
晒台	9.15	1.53-29.04	8.80	5.13
火塘区域	3.06	1.20-3.60	2.43	2.31
主人区域	7.31	1.79-9.00	4.81	4.66
祭祀区域	4.20	1.41-7.22	3.95	3.95
会客区域	6.64	1.88-15.63	7.11	6.90
餐厨区域	8.56	1.46-14.43	5.55	5.39
就寝区域	5.35	1.76-17.23	7.92	7.77
生水区域	3.28	0.54-6.17	2.11	1.46
储藏区域	6.88	1.12-16.86	7.11	6.89

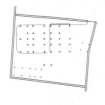

住居平面图

住居功能平面图

聚落

住居

住居整体形象

住居室内

火塘

081

项目	结果	范围	平均（分项）	平均（总数）
基本信息				
几代人	1	1-3	2.23	2.21
在册人口	2	1-10	4.62	4.57
常住人口	1	0-9	3.75	3.67
被测身高人性别	女	男/女	-	-
建造年代	2005	1983-2011	-	-
住居层数	2	1-2	-	-
屋顶样式	圆	圆/方	-	-
结构材料	木	木/砖	-	-
旱地（单位：亩）	-	0.50-8.00	2.60	1.36
水田（单位：亩）	-	4.00-17.60	8.58	4.51
竹子（单位：亩）	-	0.20-19.00	3.82	2.84
核桃（单位：亩）	-	0.80-24.00	6.88	3.27
茶叶（单位：亩）	-	1.00-25.00	3.59	2.60
杉木（单位：亩）	-	0.70-8.00	2.57	0.82
猪（单位：头）	-	1-15	4.81	3.57
牛（单位：头）	-	1-4	2.14	0.45
鸡（单位：头）	-	1-20	5.18	3.07
鸭（单位：只）	-	1-11	4.56	0.72
猫（单位：只）	-	1	1	0.02
狗（单位：只）	-	1	1	0.07
长度(单位：mm)				
身高	1540	1350-1710	1578.27	-
坐高	920	850-1090	984.26	-
入口门高	1730	1400-2040	1723.63	-
晒台门高	-	785-1880	1186.61	-
墙窗窗洞高	-	300-1230	565.27	-
墙窗下沿高	-	100-1300	822	-

位置图

B13　李岩到

C04　李岩灭

亲属关系位置图

项目	结果	范围	平均（分项）	平均（总数）
墙窗上沿高	-	1170-1950	1406.48	-
顶窗窗洞高	1200	300-1400	1031.43	-
顶窗下沿高	1025	730-1500	1027.50	-
顶窗上下沿进深	1070	500-1800	1007.14	-
室内梁高	2050	1640-2550	2017.86	-
火塘上架子高	1510	1200-1650	1447.50	-
面积（单位：㎡）				
院子	248.15	96.50-159.63	235.64	235.64
住居	66.42	28.16-110.52	59.12	59.12
晾晒	69.25	6.11-106.15	43.10	40.54
种植	32.01	1.29-274.76	33.03	15.37
用水	2.42	0.38-9.80	3.02	2.90
饲养	8.05	2.20-75.17	18.92	17.98
附属	-	3.36-28.58	14.45	2.86
加建	-	4.81-50.00	23.81	2.59
前室平台	9.15	2.15-13.80	6.43	5.41
起居室	39.78	22.31-70.03	40.02	40.02
供位	2.27	0.54-3.68	1.93	1.89
内室	3.38	2.10-9.00	4.26	4.13
晒台	-	1.53-29.04	8.80	5.13
火塘区域	2.24	1.20-3.60	2.43	2.31
主人区域	5.61	1.79-9.00	4.81	4.66
祭祀区域	5.11	1.41-7.22	3.95	3.95
会客区域	9.37	1.88-15.63	7.11	6.90
餐厨区域	4.08	1.46-14.43	5.55	5.39
就寝区域	6.81	1.76-17.23	7.92	7.77
生水区域	2.48	0.54-6.17	2.11	1.46
储藏区域	13.34	1.12-16.86	7.11	6.89

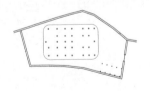

住居平面图

住居功能平面图

081

院落   住居入口

住居整体形象

住居室内

火塘

082

编号	户主姓名	家庭成员姓名及与户主的关系			
C04	李岩灭	赵欧里	母亲	李尼罗	儿子
		田叶噶	妻子		
		李依块	女儿		

项目	结果	范围	平均（分项）	平均（总数）
基本信息				
几代人	2	1-3	2.23	2.21
在册人口	5	1-10	4.62	4.57
常住人口	5	0-9	3.75	3.67
被测身高人性别	男	男/女	-	-
建造年代	1998	1983-2011	-	-
住居层数	2	1-2	-	-
屋顶样式	-	圆/方	-	-
结构材料	木	木/砖	-	-
旱地（单位：亩）	1.5	0.50-8.00	2.60	1.36
水田（单位：亩）	10.1	4.00-17.60	8.58	4.51
竹子（单位：亩）	5	0.20-19.00	3.82	2.84
核桃（单位：亩）	5.8	0.80-24.00	6.88	3.27
茶叶（单位：亩）	1.5	1.00-25.00	3.59	2.60
杉木（单位：亩）	2	0.70-8.00	2.57	0.82
猪（单位：头）	7	1-15	4.81	3.57
牛（单位：头）	2	1-4	2.14	0.45
鸡（单位：头）	2	1-20	5.18	3.07
鸭（单位：只）	2	1-11	4.56	0.72
猫（单位：只）	-	1	1	0.02
狗（单位：只）	-	1	1	0.07
长度（单位：mm）				
身高	1700	1350-1710	1578.27	-
坐高	1050	850-1090	984.26	-
入口门高	1700	1400-2040	1723.63	-
晒台门高	-	785-1880	1186.61	-
墙窗窗洞高	500	300-1230	565.27	-
墙窗下沿高	600	100-1300	822	-

位置图

B13　李岩到

C04　李岩灭

亲属关系位置图

项目	结果	范围	平均（分项）	平均（总数）
墙窗上沿高	1250	1170-1950	1406.48	-
顶窗窗洞高	-	300-1400	1031.43	
顶窗下沿高	-	730-1500	1027.50	
顶窗上下沿进深	-	500-1800	1007.14	
室内梁高	2100	1640-2550	2017.86	
火塘上架子高	1400	1200-1650	1447.50	
面积（单位：㎡）				
院子	189.21	96.50-159.63	235.64	235.64
住居	49.32	28.16-110.52	59.12	59.12
晾晒	49.92	6.11-106.15	43.10	40.54
种植	-	1.29-274.76	33.03	15.37
用水	1.85	0.38-9.80	3.02	2.90
饲养	29.32	2.20-75.17	18.92	17.98
附属	5.56	3.36-28.58	14.45	2.86
加建	5.15	4.81-50.00	23.81	2.59
前室平台	6.23	2.15-13.80	6.43	5.41
起居室	52.56	22.31-70.03	40.02	40.02
供位	1.38	0.54-3.68	1.93	1.89
内室	4.03	2.10-9.00	4.26	4.13
晒台	-	1.53-29.04	8.80	5.13
火塘区域	2.40	1.20-3.60	2.43	2.31
主人区域	5.09	1.79-9.00	4.81	4.66
祭祀区域	6.10	1.41-7.22	3.95	3.95
会客区域	3.86	1.88-15.63	7.11	6.90
餐厨区域	4.42	1.46-14.43	5.55	5.39
就寝区域	11.88	1.76-17.23	7.92	7.77
生水区域	-	0.54-6.17	2.11	1.46
储藏区域	6.73	1.12-16.86	7.11	6.89

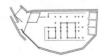

住居平面图   住居功能平面图

082

院落

住居入口

住居整体形象

住居室内

火塘

编号	户主姓名	家庭成员姓名及与户主的关系		
B24	李尼块	田叶倒	妻子	李尼茸	次子
		杨依模	母亲	李三木嘎	弟弟
		李艾嘎	长子	石安门	弟媳

项目	结果	范围	平均（分项）	平均（总数）
基本信息				
几代人	2	1-3	2.23	2.21
在册人口	7	1-10	4.62	4.57
常住人口	3	0-9	3.75	3.67
被测身高人性别	男	男/女	-	-
建造年代	2008	1983-2011	-	-
住居层数	2	1-2	-	-
屋顶样式	-	圆/方	-	-
结构材料	木	木/砖	-	-
旱地（单位：亩）	-	0.50-8.00	2.60	1.36
水田（单位：亩）	7	4.00-17.60	8.58	4.51
竹子（单位：亩）	0.4	0.20-19.00	3.82	2.84
核桃（单位：亩）	7	0.80-24.00	6.88	3.27
茶叶（单位：亩）	5	1.00-25.00	3.59	2.60
杉木（单位：亩）	1	0.70-8.00	2.57	0.82
猪（单位：头）	5	1-15	4.81	3.57
牛（单位：头）	-	1-4	2.14	0.45
鸡（单位：头）	6	1-20	5.18	3.07
鸭（单位：只）	-	1-11	4.56	0.72
猫（单位：只）	-	1	1	0.02
狗（单位：只）	-	1	1	0.07
长度（单位：mm）				
身高	1500	1350-1710	1578.27	-
坐高	960	850-1090	984.26	-
入口门高	1800	1400-2040	1723.63	-
晒台门高	1100	785-1880	1186.61	-
墙窗窗洞高	-	300-1230	565.27	-
墙窗下沿高	-	100-1300	822	-

B24 李尼块

位置图

亲属关系位置图

项目	结果	范围	平均（分项）	平均（总数）
墙窗上沿高	1375	1170-1950	1406.48	-
顶窗窗洞高	-	300-1400	1031.43	
顶窗下沿高	-	730-1500	1027.50	
顶窗上下沿进深	-	500-1800	1007.14	
室内梁高	2120	1640-2550	2017.86	
火塘上架子高	1430	1200-1650	1447.50	
面积（单位：㎡）				
院子	264.91	96.50-159.63	235.64	235.64
住居	69.03	28.16-110.52	59.12	59.12
晾晒	47.08	6.11-106.15	43.10	40.54
种植	18.10	1.29-274.76	33.03	15.37
用水	2.85	0.38-9.80	3.02	2.90
饲养	12.00	2.20-75.17	18.92	17.98
附属	-	3.36-28.58	14.45	2.86
加建	-	4.81-50.00	23.81	2.59
前室平台	12.18	2.15-13.80	6.43	5.41
起居室	38.89	22.31-70.03	40.02	40.02
供位	2.55	0.54-3.68	1.93	1.89
内室	4.42	2.10-9.00	4.26	4.13
晒台	6.00	1.53-29.04	8.80	5.13
火塘区域	3.20	1.20-3.60	2.43	2.31
主人区域	5.10	1.79-9.00	4.81	4.66
祭祀区域	5.25	1.41-7.22	3.95	3.95
会客区域	4.81	1.88-15.63	7.11	6.90
餐厨区域	5.59	1.46-14.43	5.55	5.39
就寝区域	7.48	1.76-17.23	7.92	7.77
生水区域	3.04	0.54-6.17	2.11	1.46
储藏区域	11.32	1.12-16.86	7.11	6.89

住居平面图

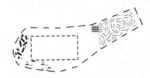

住居功能平面图

083

院落

住居入口

住居整体形象

住居室内

火塘

084

编号	户主姓名	家庭成员姓名及与户主的关系
A27	李俄惹	不 详　母亲
		不 详　二弟
		不 详　三弟

项目	结果	范围	平均（分项）	平均（总数）
基本信息				
几代人	2	1-3	2.23	2.21
在册人口	4	1-10	4.62	4.57
常住人口	1	0-9	3.75	3.67
被测身高人性别	女	男/ 女	-	-
建造年代	1986	1983-2011	-	-
住居层数	2	1-2	-	-
屋顶样式	圆	圆/ 方	-	-
结构材料	木	木/ 砖	-	-
旱地（单位：亩）	-	0.50-8.00	2.60	1.36
水田（单位：亩）	-	4.00-17.60	8.58	4.51
竹子（单位：亩）	-	0.20-19.00	3.82	2.84
核桃（单位：亩）	-	0.80-24.00	6.88	3.27
茶叶（单位：亩）	-	1.00-25.00	3.59	2.60
杉木（单位：亩）	-	0.70-8.00	2.57	0.82
猪（单位：头）	1	1-15	4.81	3.57
牛（单位：头）	-	1-4	2.14	0.45
鸡（单位：头）	-	1-20	5.18	3.07
鸭（单位：只）	-	1-11	4.56	0.72
猫（单位：只）	-	1	1	0.02
狗（单位：只）	-	1	1	0.07
长度（单位：mm)				
身高	1480	1350-1710	1578.27	-
坐高	950	850-1090	984.26	-
入口门高	1600	1400-2040	1723.63	-
晒台门高	-	785-1880	1186.61	-
墙窗窗洞高	1230	300-1230	565.27	-
墙窗下沿高	450	100-1300	822	-

A27 李饿惹

位置图

亲属关系位置图

项目	结果	范围	平均（分项）	平均（总数）
墙窗上沿高	-	1170-1950	1406.48	-
顶窗窗洞高	-	300-1400	1031.43	-
顶窗下沿高	-	730-1500	1027.50	-
顶窗上下沿进深	-	500-1800	1007.14	-
室内梁高	1880	1640-2550	2017.86	-
火塘上架子高	1400	1200-1650	1447.50	-
面积（单位：㎡）				
院子	162.55	96.50-159.63	235.64	235.64
住居	46.64	28.16-110.52	59.12	59.12
晾晒	-	6.11-106.15	43.10	40.54
种植	56.91	1.29-274.76	33.03	15.37
用水	1.18	0.38-9.80	3.02	2.90
饲养	3.08	2.20-75.17	18.92	17.98
附属	-	3.36-28.58	14.45	2.86
加建	-	4.81-50.00	23.81	2.59
前室平台	3.06	2.15-13.80	6.43	5.41
起居室	52.16	22.31-70.03	40.02	40.02
供位	1.20	0.54-3.68	1.93	1.89
内室	2.52	2.10-9.00	4.26	4.13
晒台	-	1.53-29.04	8.80	5.13
火塘区域	2.25	1.20-3.60	2.43	2.31
主人区域	3.77	1.79-9.00	4.81	4.66
祭祀区域	6.32	1.41-7.22	3.95	3.95
会客区域	1.88	1.88-15.63	7.11	6.90
餐厨区域	5.36	1.46-14.43	5.55	5.39
就寝区域	9.91	1.76-17.23	7.92	7.77
生水区域	-	0.54-6.17	2.11	1.46
储藏区域	7.99	1.12-16.86	7.11	6.89

住居平面图　　　　　　　　　　　　　　住居功能平面图

084

院落

住居入口

住居整体形象

住居室内

火塘

085

编号　户主姓名　家庭成员姓名及与户主的关系

E02　李艾抗

肖艾惹　妻子｜李安那　三女
李叶嘎　母亲
李依不勒　次女

项目	结果	范围	平均（分项）	平均（总数）
基本信息				
几代人	3	1-3	2.23	2.21
在册人口	5	1-10	4.62	4.57
常住人口	5	0-9	3.75	3.67
被测身高人性别	男	男/女	-	-
建造年代	2003	1983-2011	-	-
住居层数	2	1-2	-	-
屋顶样式	-	圆/方	-	-
结构材料	木	木/砖	-	-
旱地（单位：亩）	-	0.50-8.00	2.60	1.36
水田（单位：亩）	10	4.00-17.60	8.58	4.51
竹子（单位：亩）	13	0.20-19.00	3.82	2.84
核桃（单位：亩）	8	0.80-24.00	6.88	3.27
茶叶（单位：亩）	3.7	1.00-25.00	3.59	2.60
杉木（单位：亩）	2.5	0.70-8.00	2.57	0.82
猪（单位：头）	-	1-15	4.81	3.57
牛（单位：头）	-	1-4	2.14	0.45
鸡（单位：头）	-	1-20	5.18	3.07
鸭（单位：只）	-	1-11	4.56	0.72
猫（单位：只）	-	1	1	0.02
狗（单位：只）	-	1	1	0.07
长度（单位：mm）				
身高	1600	1350-1710	1578.27	-
坐高	1000	850-1090	984.26	-
入口门高	1700	1400-2040	1723.63	-
晒台门高	1200	785-1880	1186.61	-
墙窗窗洞高	470	300-1230	565.27	-
墙窗下沿高	730	100-1300	822	-

E02 李艾抗

位置图　　　　　　　　　　亲属关系位置图

项目	结果	范围	平均（分项）	平均（总数）
墙窗上沿高	1400	1170-1950	1406.48	-
顶窗窗洞高	-	300-1400	1031.43	-
顶窗下沿高	-	730-1500	1027.50	-
顶窗上下沿进深	-	500-1800	1007.14	-
室内梁高	2050	1640-2550	2017.86	-
火塘上架子高	1400	1200-1650	1447.50	-
面积（单位：㎡）				
院子	307.84	96.50-159.63	235.64	235.64
住居	66.12	28.16-110.52	59.12	59.12
晾晒	56.10	6.11-106.15	43.10	40.54
种植	50.07	1.29-274.76	33.03	15.37
用水	-	0.38-9.80	3.02	2.90
饲养	29.77	2.20-75.17	18.92	17.98
附属	-	3.36-28.58	14.45	2.86
加建	18.06	4.81-50.00	23.81	2.59
前室平台	7.12	2.15-13.80	6.43	5.41
起居室	49.73	22.31-70.03	40.02	40.02
供位	2.33	0.54-3.68	1.93	1.89
内室	3.95	2.10-9.00	4.26	4.13
晒台	10.88	1.53-29.04	8.80	5.13
火塘区域	3.05	1.20-3.60	2.43	2.31
主人区域	5.36	1.79-9.00	4.81	4.66
祭祀区域	4.85	1.41-7.22	3.95	3.95
会客区域	7.59	1.88-15.63	7.11	6.90
餐厨区域	5.95	1.46-14.43	5.55	5.39
就寝区域	15.54	1.76-17.23	7.92	7.77
生水区域	2.92	0.54-6.17	2.11	1.46
储藏区域	5.40	1.12-16.86	7.11	6.89

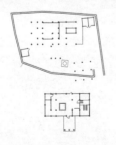

住居平面图

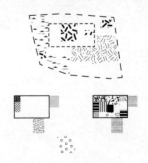

住居功能平面图

院落

住居入口

住居整体形象

住居室内

火塘

086

编号	户主姓名	家庭成员姓名及与户主的关系

A15　田尼惹

不　详	父亲	田艾不	长子
不　详	母亲	田尼门	次子
肖衣嘎	妻子		

项目	结果	范围	平均（分项）	平均（总数）
基本信息				
几代人	3	1-3	2.23	2.21
在册人口	6	1-10	4.62	4.57
常住人口	4	0-9	3.75	3.67
被测身高人性别	女	男/ 女	-	-
建造年代	2007	1983-2011	-	-
住居层数	2	1-2	-	-
屋顶样式	-	圆/ 方	-	-
结构材料	木	木/ 砖	-	-
旱地（单位：亩）	2	0.50-8.00	2.60	1.36
水田（单位：亩）	-	4.00-17.60	8.58	4.51
竹子（单位：亩）	3	0.20-19.00	3.82	2.84
核桃（单位：亩）	-	0.80-24.00	6.88	3.27
茶叶（单位：亩）	3	1.00-25.00	3.59	2.60
杉木（单位：亩）	-	0.70-8.00	2.57	0.82
猪（单位：头）	9	1-15	4.81	3.57
牛（单位：头）	-	1-4	2.14	0.45
鸡（单位：头）	11	1-20	5.18	3.07
鸭（单位：只）	3	1-11	4.56	0.72
猫（单位：只）	-	1	1	0.02
狗（单位：只）	-	1	1	0.07
长度(单位：mm)				
身高	1450	1350-1710	1578.27	-
坐高	930	850-1090	984.26	-
入口门高	1670	1400-2040	1723.63	-
晒台门高	1100	785-1880	1186.61	-
墙窗窗洞高	-	300-1230	565.27	-
墙窗下沿高	-	100-1300	822	-

位置图

亲属关系位置图

A15　田尼惹

A19　田饿外

B27　田尼不勒

B15　田三水

D02　田岩到

项目	结果	范围	平均（分项）	平均（总数）
墙窗上沿高	1250	1170-1950	1406.48	-
顶窗窗洞高	-	300-1400	1031.43	-
顶窗下沿高	-	730-1500	1027.50	-
顶窗上下沿进深	-	500-1800	1007.14	-
室内梁高	2000	1640-2550	2017.86	-
火塘上架子高	1400	1200-1650	1447.50	-
面积（单位：㎡）				
院子	209.90	96.50-159.63	235.64	235.64
住居	62.10	28.16-110.52	59.12	59.12
晾晒	42.89	6.11-106.15	43.10	40.54
种植	1.53	1.29-274.76	33.03	15.37
用水	2.61	0.38-9.80	3.02	2.90
饲养	7.80	2.20-75.17	18.92	17.98
附属	-	3.36-28.58	14.45	2.86
加建	-	4.81-50.00	23.81	2.59
前室平台	6.60	2.15-13.80	6.43	5.41
起居室	39.02	22.31-70.03	40.02	40.02
供位	2.33	0.54-3.68	1.93	1.89
内室	3.88	2.10-9.00	4.26	4.13
晒台	6.51	1.53-29.04	8.80	5.13
火塘区域	1.95	1.20-3.60	2.43	2.31
主人区域	5.62	1.79-9.00	4.81	4.66
祭祀区域	3.78	1.41-7.22	3.95	3.95
会客区域	7.70	1.88-15.63	7.11	6.90
餐厨区域	6.79	1.46-14.43	5.55	5.39
就寝区域	7.70	1.76-17.23	7.92	7.77
生水区域	2.40	0.54-6.17	2.11	1.46
储藏区域	5.78	1.12-16.86	7.11	6.89

住居平面图

住居功能平面图

086

院落　　　　　　　　住房入口

住居整体形象

住居室内

火塘

087

编号	户主姓名	家庭成员姓名及与户主的关系
A19	田饿外	不　详　妻子

项目	结果	范围	平均（分项）	平均（总数）
基本信息				
几代人	1	1-3	2.23	2.21
在册人口	2	1-10	4.62	4.57
常住人口	2	0-9	3.75	3.67
被测身高人性别	男	男/女	-	-
建造年代	1993	1983-2011	-	-
住居层数	2	1-2	-	-
屋顶样式	圆	圆/方	-	-
结构材料	木	木/砖	-	-
旱地（单位：亩）	2	0.50-8.00	2.60	1.36
水田（单位：亩）	-	4.00-17.60	8.58	4.51
竹子（单位：亩）	1.5	0.20-19.00	3.82	2.84
核桃（单位：亩）	-	0.80-24.00	6.88	3.27
茶叶（单位：亩）	1	1.00-25.00	3.59	2.60
杉木（单位：亩）	-	0.70-8.00	2.57	0.82
猪（单位：头）	2	1-15	4.81	3.57
牛（单位：头）	-	1-4	2.14	0.45
鸡（单位：头）	4	1-20	5.18	3.07
鸭（单位：只）	-	1-11	4.56	0.72
猫（单位：只）	-	1	1	0.02
狗（单位：只）	-	1	1	0.07
长度（单位：mm）				
身高	1580	1350-1710	1578.27	-
坐高	1010	850-1090	984.26	-
入口门高	1650	1400-2040	1723.63	-
晒台门高	-	785-1880	1186.61	-
墙窗窗洞高	-	300-1230	565.27	-
墙窗下沿高	-	100-1300	822	-

位置图

A15　田尼惹
A19　田饿外
B27　田尼不勒
B15　田三水
D02　田岩到

亲属关系位置图

项目	结果	范围	平均（分项）	平均（总数）
墙窗上沿高	-	1170-1950	1406.48	-
顶窗窗洞高	1080	300-1400	1031.43	-
顶窗下沿高	1270	730-1500	1027.50	-
顶窗上下沿进深	1200	500-1800	1007.14	-
室内梁高	2100	1640-2550	2017.86	-
火塘上架子高	1500	1200-1650	1447.50	-
面积（单位：㎡）				
院子	222.88	96.50-159.63	235.64	235.64
住居	60.50	28.16-110.52	59.12	59.12
晾晒	41.84	6.11-106.15	43.10	40.54
种植	18.00	1.29-274.76	33.03	15.37
用水	3.78	0.38-9.80	3.02	2.90
饲养	34.53	2.20-75.17	18.92	17.98
附属	-	3.36-28.58	14.45	2.86
加建	-	4.81-50.00	23.81	2.59
前室平台	6.13	2.15-13.80	6.43	5.41
起居室	45.92	22.31-70.03	40.02	40.02
供位	1.14	0.54-3.68	1.93	1.89
内室	4.43	2.10-9.00	4.26	4.13
晒台	-	1.53-29.04	8.80	5.13
火塘区域	2.48	1.20-3.60	2.43	2.31
主人区域	6.28	1.79-9.00	4.81	4.66
祭祀区域	4.95	1.41-7.22	3.95	3.95
会客区域	5.37	1.88-15.63	7.11	6.90
餐厨区域	5.67	1.46-14.43	5.55	5.39
就寝区域	8.32	1.76-17.23	7.92	7.77
生水区域	6.17	0.54-6.17	2.11	1.46
储藏区域	8.70	1.12-16.86	7.11	6.89

住居平面图　　　　　　　　　　　　　　　　住居功能平面图

院落

住居入口

住居室内 火塘

088

编号	户主姓名	家庭成员姓名及与户主的关系
B27	田尼不勒	杨安那　妻子　田安那　三女 田尼不勒　长子 田依路　次女

项目	结果	范围	平均（分项）	平均（总数）
基本信息				
几代人	2	1-3	2.23	2.21
在册人口	5	1-10	4.62	4.57
常住人口	5	0-9	3.75	3.67
被测身高人性别	女	男/女	-	-
建造年代	2000	1983-2011	-	-
住居层数	2	1-2	-	-
屋顶样式	-	圆/方	-	-
结构材料	木	木/砖	-	-
旱地（单位：亩）	2	0.50-8.00	2.60	1.36
水田（单位：亩）	-	4.00-17.60	8.58	4.51
竹子（单位：亩）	5	0.20-19.00	3.82	2.84
核桃（单位：亩）	-	0.80-24.00	6.88	3.27
茶叶（单位：亩）	4	1.00-25.00	3.59	2.60
杉木（单位：亩）	-	0.70-8.00	2.57	0.82
猪（单位：头）	1	1-15	4.81	3.57
牛（单位：头）	-	1-4	2.14	0.45
鸡（单位：头）	2	1-20	5.18	3.07
鸭（单位：只）	-	1-11	4.56	0.72
猫（单位：只）	-	1	1	0.02
狗（单位：只）	-	1	1	0.07
长度(单位：mm)				
身高	1540	1350-1710	1578.27	-
坐高	970	850-1090	984.26	-
入口门高	1800	1400-2040	1723.63	-
晒台门高	1100	785-1880	1186.61	-
墙窗窗洞高	420	300-1230	565.27	-
墙窗下沿高	650	100-1300	822	-

位置图

亲属关系位置图

A15　田尼惹
A19　田饿外
B27　田尼不勒
B15　田三水
D02　田岩到

项目	结果	范围	平均（分项）	平均（总数）
墙窗上沿高	1370	1170-1950	1406.48	-
顶窗窗洞高	-	300-1400	1031.43	-
顶窗下沿高	-	730-1500	1027.50	-
顶窗上下沿进深	-	500-1800	1007.14	-
室内梁高	2130	1640-2550	2017.86	-
火塘上架子高	1550	1200-1650	1447.50	-
面积（单位：㎡）				
院子	211.24	96.50-159.63	235.64	235.64
住居	63.54	28.16-110.52	59.12	59.12
晾晒	36.23	6.11-106.15	43.10	40.54
种植	-	1.29-274.76	33.03	15.37
用水	4.25	0.38-9.80	3.02	2.90
饲养	23.88	2.20-75.17	18.92	17.98
附属	-	3.36-28.58	14.45	2.86
加建	-	4.81-50.00	23.81	2.59
前室平台	13.80	2.15-13.80	6.43	5.41
起居室	45.85	22.31-70.03	40.02	40.02
供位	2.33	0.54-3.68	1.93	1.89
内室	3.67	2.10-9.00	4.26	4.13
晒台	-	1.53-29.04	8.80	5.13
火塘区域	2.70	1.20-3.60	2.43	2.31
主人区域	4.32	1.79-9.00	4.81	4.66
祭祀区域	4.65	1.41-7.22	3.95	3.95
会客区域	9.05	1.88-15.63	7.11	6.90
餐厨区域	6.28	1.46-14.43	5.55	5.39
就寝区域	4.42	1.76-17.23	7.92	7.77
生水区域	0.91	0.54-6.17	2.11	1.46
储藏区域	6.32	1.12-16.86	7.11	6.89

住居平面图

住居功能平面图

088

院落

住居入口

住居整体形象

住居室内

火塘

089

编号	户主姓名	家庭成员姓名及与户主的关系
B15	田三水	肖叶茸　妻子 田岩毛　长子 田叶不勒　次女

项目	结果	范围	平均（分项）	平均（总数）
基本信息				
几代人	2	1-3	2.23	2.21
在册人口	4	1-10	4.62	4.57
常住人口	2	0-9	3.75	3.67
被测身高人性别	女	男/女	-	-
建造年代	2001	1983-2011	-	-
住居层数	2	1-2	-	-
屋顶样式	-	圆/方	-	-
结构材料	木	木/砖	-	-
旱地（单位：亩）	2	0.50-8.00	2.60	1.36
水田（单位：亩）	-	4.00-17.60	8.58	4.51
竹子（单位：亩）	1	0.20-19.00	3.82	2.84
核桃（单位：亩）	-	0.80-24.00	6.88	3.27
茶叶（单位：亩）	4	1.00-25.00	3.59	2.60
杉木（单位：亩）	-	0.70-8.00	2.57	0.82
猪（单位：头）	1	1-15	4.81	3.57
牛（单位：头）	2	1-4	2.14	0.45
鸡（单位：头）	2	1-20	5.18	3.07
鸭（单位：只）	-	1-11	4.56	0.72
猫（单位：只）	-	1	1	0.02
狗（单位：只）	-	1	1	0.07
长度（单位：mm）				
身高	1520	1350-1710	1578.27	-
坐高	960	850-1090	984.26	-
入口门高	1750	1400-2040	1723.63	-
晒台门高	1050	785-1880	1186.61	-
墙窗窗洞高	-	300-1230	565.27	-
墙窗下沿高	-	100-1300	822	-

位置图

亲属关系位置图

A15　田尼惹
A19　田饿外
B27　田尼不勒
B15　田三水
D02　田岩到

项目	结果	范围	平均（分项）	平均（总数）
墙窗上沿高	1260	1170-1950	1406.48	-
顶窗窗洞高	-	300-1400	1031.43	-
顶窗下沿高	-	730-1500	1027.50	-
顶窗上下沿进深	-	500-1800	1007.14	-
室内梁高	2020	1640-2550	2017.86	-
火塘上架子高	1460	1200-1650	1447.50	-
面积（单位：㎡）				
院子	239.76	96.50-159.63	235.64	235.64
住居	57.50	28.16-110.52	59.12	59.12
晾晒	66.82	6.11-106.15	43.10	40.54
种植	14.81	1.29-274.76	33.03	15.37
用水	2.09	0.38-9.80	3.02	2.90
饲养	39.80	2.20-75.17	18.92	17.98
附属	-	3.36-28.58	14.45	2.86
加建	-	4.81-50.00	23.81	2.59
前室平台	4.11	2.15-13.80	6.43	5.41
起居室	26.20	22.31-70.03	40.02	40.02
供位	2.02	0.54-3.68	1.93	1.89
内室	3.75	2.10-9.00	4.26	4.13
晒台	10.23	1.53-29.04	8.80	5.13
火塘区域	2.36	1.20-3.60	2.43	2.31
主人区域	5.37	1.79-9.00	4.81	4.66
祭祀区域	1.80	1.41-7.22	3.95	3.95
会客区域	7.02	1.88-15.63	7.11	6.90
餐厨区域	3.57	1.46-14.43	5.55	5.39
就寝区域	7.39	1.76-17.23	7.92	7.77
生水区域	2.31	0.54-6.17	2.11	1.46
储藏区域	5.50	1.12-16.86	7.11	6.89

住居平面图

住居功能平面图

089

院落

住房入口

住居整体形象

住居室内

火塘

090	编号	户主姓名	家庭成员姓名及与户主的关系		
	D02	田岩到	李衣那　妻子 李安帅　长女		

项目	结果	范围	平均（分项）	平均（总数）
基本信息				
几代人	2	1-3	2.23	2.21
在册人口	3	1-10	4.62	4.57
常住人口	2	0-9	3.75	3.67
被测身高人性别	女	男/ 女	-	-
建造年代	2008	1983-2011	-	-
住居层数	2	1-2	-	-
屋顶样式	-	圆/ 方	-	-
结构材料	木	木/ 砖	-	-
旱地（单位：亩）	-	0.50-8.00	2.60	1.36
水田（单位：亩）	-	4.00-17.60	8.58	4.51
竹子（单位：亩）	2	0.20-19.00	3.82	2.84
核桃（单位：亩）	-	0.80-24.00	6.88	3.27
茶叶（单位：亩）	3	1.00-25.00	3.59	2.60
杉木（单位：亩）	-	0.70-8.00	2.57	0.82
猪（单位：头）	-	1-15	4.81	3.57
牛（单位：头）	-	1-4	2.14	0.45
鸡（单位：头）	3	1-20	5.18	3.07
鸭（单位：只）	-	1-11	4.56	0.72
猫（单位：只）	-	1	1	0.02
狗（单位：只）	-	1	1	0.07
长度(单位：mm)				
身高	1350	1350-1710	1578.27	-
坐高	880	850-1090	984.26	-
入口门高	1680	1400-2040	1723.63	-
晒台门高	1050	785-1880	1186.61	-
墙窗窗洞高	-	300-1230	565.27	-
墙窗下沿高	-	100-1300	822	-

位置图

A15　田尼惹
A19　田饿外
B27　田尼不勒
B15　田三水
D02　田岩到

亲属关系位置图

项目	结果	范围	平均（分项）	平均（总数）
墙窗上沿高	1250	1170-1950	1406.48	-
顶窗窗洞高	-	300-1400	1031.43	-
顶窗下沿高	-	730-1500	1027.50	-
顶窗上下沿进深	-	500-1800	1007.14	-
室内梁高	2050	1640-2550	2017.86	-
火塘上架子高	1510	1200-1650	1447.50	-
面积（单位：㎡）				
院子	124.06	96.50-159.63	235.64	235.64
住居	36.81	28.16-110.52	59.12	59.12
晾晒	-	6.11-106.15	43.10	40.54
种植	-	1.29-274.76	33.03	15.37
用水	1.12	0.38-9.80	3.02	2.90
饲养	3.90	2.20-75.17	18.92	17.98
附属	-	3.36-28.58	14.45	2.86
加建	-	4.81-50.00	23.81	2.59
前室平台	4.80	2.15-13.80	6.43	5.41
起居室	26.90	22.31-70.03	40.02	40.02
供位	1.15	0.54-3.68	1.93	1.89
内室	2.25	2.10-9.00	4.26	4.13
晒台	7.82	1.53-29.04	8.80	5.13
火塘区域	2.17	1.20-3.60	2.43	2.31
主人区域	3.04	1.79-9.00	4.81	4.66
祭祀区域	2.18	1.41-7.22	3.95	3.95
会客区域	3.58	1.88-15.63	7.11	6.90
餐厨区域	3.50	1.46-14.43	5.55	5.39
就寝区域	5.32	1.76-17.23	7.92	7.77
生水区域	0.96	0.54-6.17	2.11	1.46
储藏区域	6.98	1.12-16.86	7.11	6.89

住居平面图

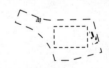

住居功能平面图

090

院落

住居入口

住居整体形象

住居室内

火塘

091

李欧里	儿媳	
田艾嘎	长子	
田艾门	孙子	

项目	结果	范围	平均（分项）	平均（总数）
基本信息				
几代人	3	1-3	2.23	2.21
在册人口	4	1-10	4.62	4.57
常住人口	1	0-9	3.75	3.67
被测身高人性别	男	男/女	-	-
建造年代	1987	1983-2011	-	-
住居层数	2	1-2	-	-
屋顶样式	-	圆/方	-	-
结构材料	木	木/砖	-	-
旱地（单位：亩）	2	0.50-8.00	2.60	1.36
水田（单位：亩）	-	4.00-17.60	8.58	4.51
竹子（单位：亩）	1	0.20-19.00	3.82	2.84
核桃（单位：亩）	-	0.80-24.00	6.88	3.27
茶叶（单位：亩）	3	1.00-25.00	3.59	2.60
杉木（单位：亩）	-	0.70-8.00	2.57	0.82
猪（单位：头）	2	1-15	4.81	3.57
牛（单位：头）	-	1-4	2.14	0.45
鸡（单位：头）	12	1-20	5.18	3.07
鸭（单位：只）	-	1-11	4.56	0.72
猫（单位：只）	-	1	1	0.02
狗（单位：只）	-	1	1	0.07
长度（单位：mm）				
身高	1570	1350-1710	1578.27	-
坐高	1000	850-1090	984.26	-
入口门高	1670	1400-2040	1723.63	-
晒台门高	1000	785-1880	1186.61	-
墙窗窗洞高	-	300-1230	565.27	-
墙窗下沿高	-	100-1300	822	-

位置图

A11　田岩倒
B09　田尼茸

亲属关系位置图

项目	结果	范围	平均（分项）	平均（总数）
墙窗上沿高	1230	1170-1950	1406.48	-
顶窗窗洞高	-	300-1400	1031.43	
顶窗下沿高	-	730-1500	1027.50	
顶窗上下沿进深	-	500-1800	1007.14	
室内梁高	2010	1640-2550	2017.86	
火塘上架子高	1420	1200-1650	1447.50	
面积（单位：㎡）				
院子	186.97	96.50-159.63	235.64	235.64
住居	47.75	28.16-110.52	59.12	59.12
晾晒	50.83	6.11-106.15	43.10	40.54
种植	-	1.29-274.76	33.03	15.37
用水	1.00	0.38-9.80	3.02	2.90
饲养	3.60	2.20-75.17	18.92	17.98
附属	-	3.36-28.58	14.45	2.86
加建	-	4.81-50.00	23.81	2.59
前室平台	6.50	2.15-13.80	6.43	5.41
起居室	33.93	22.31-70.03	40.02	40.02
供位	1.13	0.54-3.68	1.93	1.89
内室	2.56	2.10-9.00	4.26	4.13
晒台	5.80	1.53-29.04	8.80	5.13
火塘区域	2.25	1.20-3.60	2.43	2.31
主人区域	4.42	1.79-9.00	4.81	4.66
祭祀区域	3.97	1.41-7.22	3.95	3.95
会客区域	6.38	1.88-15.63	7.11	6.90
餐厨区域	3.11	1.46-14.43	5.55	5.39
就寝区域	10.80	1.76-17.23	7.92	7.77
生水区域	-	0.54-6.17	2.11	1.46
储藏区域	4.40	1.12-16.86	7.11	6.89

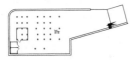

住居平面图

住居功能平面图

091

院落   住居入口

住居整体形象

住居室内

火塘

092

编号	户主姓名	家庭成员姓名及与户主的关系			
B09	田尼茸	肖叶惹	妻子	李叶不勒	儿媳
		田岩嘎	长子	田鑫豪	孙子
		田依嘎	次女		

项目	结果	范围	平均（分项）	平均（总数）
基本信息				
几代人	2	1-3	2.23	2.21
在册人口	6	1-10	4.62	4.57
常住人口	4	0-9	3.75	3.67
被测身高人性别	男	男/女	-	-
建造年代	2006	1983-2011	-	-
住居层数	2	1-2	-	-
屋顶样式	-	圆/方	-	-
结构材料	木	木/砖	-	-
旱地（单位：亩）	1	0.50-8.00	2.60	1.36
水田（单位：亩）	-	4.00-17.60	8.58	4.51
竹子（单位：亩）	1	0.20-19.00	3.82	2.84
核桃（单位：亩）	-	0.80-24.00	6.88	3.27
茶叶（单位：亩）	2	1.00-25.00	3.59	2.60
杉木（单位：亩）	-	0.70-8.00	2.57	0.82
猪（单位：头）	3	1-15	4.81	3.57
牛（单位：头）	2	1-4	2.14	0.45
鸡（单位：头）	10	1-20	5.18	3.07
鸭（单位：只）	-	1-11	4.56	0.72
猫（单位：只）	-	1	1	0.02
狗（单位：只）	-	1	1	0.07
长度(单位：mm)				
身高	1600	1350-1710	1578.27	-
坐高	1000	850-1090	984.26	-
入口门高	1780	1400-2040	1723.63	-
晒台门高	1310	785-1880	1186.61	-
墙窗窗洞高	-	300-1230	565.27	-
墙窗下沿高	-	100-1300	822	-

位置图

亲属关系位置图

A11 田岩倒
B09 田尼茸

项目	结果	范围	平均（分项）	平均（总数）
墙窗上沿高	1300	1170-1950	1406.48	-
顶窗窗洞高	-	300-1400	1031.43	-
顶窗下沿高	-	730-1500	1027.50	-
顶窗上下沿进深	-	500-1800	1007.14	-
室内梁高	2200	1640-2550	2017.86	-
火塘上架子高	1600	1200-1650	1447.50	-
面积（单位：㎡）				
院子	245.53	96.50-159.63	235.64	235.64
住居	74.11	28.16-110.52	59.12	59.12
晾晒	41.47	6.11-106.15	43.10	40.54
种植	-	1.29-274.76	33.03	15.37
用水	3.26	0.38-9.80	3.02	2.90
饲养	29.51	2.20-75.17	18.92	17.98
附属	-	3.36-28.58	14.45	2.86
加建	-	4.81-50.00	23.81	2.59
前室平台	11.00	2.15-13.80	6.43	5.41
起居室	42.03	22.31-70.03	40.02	40.02
供位	3.10	0.54-3.68	1.93	1.89
内室	5.70	2.10-9.00	4.26	4.13
晒台	7.29	1.53-29.04	8.80	5.13
火塘区域	2.38	1.20-3.60	2.43	2.31
主人区域	5.87	1.79-9.00	4.81	4.66
祭祀区域	5.17	1.41-7.22	3.95	3.95
会客区域	5.60	1.88-15.63	7.11	6.90
餐厨区域	5.56	1.46-14.43	5.55	5.39
就寝区域	7.27	1.76-17.23	7.92	7.77
生水区域	3.07	0.54-6.17	2.11	1.46
储藏区域	10.80	1.12-16.86	7.11	6.89

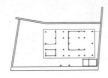

住居平面图

住居功能平面图

院落

住居入口

住居整体形象

住居室内

火塘

编号	户主姓名	家庭成员姓名及与户主的关系
B26	田叶灭	肖岩块　　儿子 肖尼块　　儿子 肖叶不勒　女儿

项目	结果	范围	平均（分项）	平均（总数）
基本信息				
几代人	2	1-3	2.23	2.21
在册人口	4	1-10	4.62	4.57
常住人口	4	0-9	3.75	3.67
被测身高人性别	女	男/女	-	-
建造年代	1997	1983-2011	-	-
住居层数	1	1-2	-	-
屋顶样式	-	圆/方	-	-
结构材料	砖	木/砖	-	-
旱地（单位：亩）	4.8	0.50-8.00	2.60	1.36
水田（单位：亩）	4.5	4.00-17.60	8.58	4.51
竹子（单位：亩）	1.3	0.20-19.00	3.82	2.84
核桃（单位：亩）	2.2	0.80-24.00	6.88	3.27
茶叶（单位：亩）	4.8	1.00-25.00	3.59	2.60
杉木（单位：亩）	-	0.70-8.00	2.57	0.82
猪（单位：头）	-	1-15	4.81	3.57
牛（单位：头）	-	1-4	2.14	0.45
鸡（单位：头）	-	1-20	5.18	3.07
鸭（单位：只）	-	1-11	4.56	0.72
猫（单位：只）	-	1	1	0.02
狗（单位：只）	-	1	1	0.07
长度（单位：mm）				
身高	1510	1350-1710	1578.27	-
坐高	950	850-1090	984.26	-
入口门高	1530	1400-2040	1723.63	-
晒台门高	-	785-1880	1186.61	-
墙窗窗洞高	530	300-1230	565.27	-
墙窗下沿高	1200	100-1300	822	-

B26 田叶灭

位置图

亲属关系位置图

项目	结果	范围	平均（分项）	平均（总数）
墙窗上沿高	-	1170-1950	1406.48	-
顶窗窗洞高	-	300-1400	1031.43	-
顶窗下沿高	-	730-1500	1027.50	-
顶窗上下沿进深	-	500-1800	1007.14	-
室内梁高	-	1640-2550	2017.86	-
火塘上架子高	1650	1200-1650	1447.50	-
面积（单位：㎡）				
院子	165.15	96.50-159.63	235.64	235.64
住居	41.23	28.16-110.52	59.12	59.12
晾晒	-	6.11-106.15	43.10	40.54
种植	-	1.29-274.76	33.03	15.37
用水	1.90	0.38-9.80	3.02	2.90
饲养	4.48	2.20-75.17	18.92	17.98
附属	-	3.36-28.58	14.45	2.86
加建	-	4.81-50.00	23.81	2.59
前室平台	-	2.15-13.80	6.43	5.41
起居室	27.73	22.31-70.03	40.02	40.02
供位	1.47	0.54-3.68	1.93	1.89
内室	7.88	2.10-9.00	4.26	4.13
晒台	-	1.53-29.04	8.80	5.13
火塘区域	-	1.20-3.60	2.43	2.31
主人区域	3.43	1.79-9.00	4.81	4.66
祭祀区域	2.52	1.41-7.22	3.95	3.95
会客区域	3.15	1.88-15.63	7.11	6.90
餐厨区域	4.06	1.46-14.43	5.55	5.39
就寝区域	7.03	1.76-17.23	7.92	7.77
生水区域	-	0.54-6.17	2.11	1.46
储藏区域	3.50	1.12-16.86	7.11	6.89

住居平面图

住居功能平面图

093

院落

住居入口

住居整体形象

住居室内

火塘

094

编号	户主姓名	家庭成员姓名及与户主的关系
C09	田岩伦	肖叶伦　妻子

项目	结果	范围	平均（分项）	平均（总数）
基本信息				
几代人	1	1-3	2.23	2.21
在册人口	2	1-10	4.62	4.57
常住人口	2	0-9	3.75	3.67
被测身高人性别	男	男/女	-	-
建造年代	2001	1983-2011	-	-
住居层数	2	1-2	-	-
屋顶样式	圆	圆/方	-	-
结构材料	木	木/砖	-	-
旱地（单位：亩）	2.3	0.50-8.00	2.60	1.36
水田（单位：亩）	5	4.00-17.60	8.58	4.51
竹子（单位：亩）	0.6	0.20-19.00	3.82	2.84
核桃（单位：亩）	-	0.80-24.00	6.88	3.27
茶叶（单位：亩）	2.3	1.00-25.00	3.59	2.60
杉木（单位：亩）	2	0.70-8.00	2.57	0.82
猪（单位：头）	5	1-15	4.81	3.57
牛（单位：头）	-	1-4	2.14	0.45
鸡（单位：头）	2	1-20	5.18	3.07
鸭（单位：只）	-	1-11	4.56	0.72
猫（单位：只）	-	1	1	0.02
狗（单位：只）	-	1	1	0.07
长度(单位：mm)				
身高	1600	1350-1710	1578.27	-
坐高	1080	850-1090	984.26	-
入口门高	1650	1400-2040	1723.63	-
晒台门高	-	785-1880	1186.61	-
墙窗窗洞高	560	300-1230	565.27	-
墙窗下沿高	570	100-1300	822	-

C09 田岩伦

位置图

亲属关系位置图

项目	结果	范围	平均（分项）	平均（总数）
墙窗上沿高	1260	1170-1950	1406.48	-
顶窗窗洞高	-	300-1400	1031.43	-
顶窗下沿高	-	730-1500	1027.50	-
顶窗上下沿进深	-	500-1800	1007.14	-
室内梁高	1950	1640-2550	2017.86	-
火塘上架子高	1360	1200-1650	1447.50	-
面积（单位：㎡）				
院子	153.39	96.50-159.63	235.64	235.64
住居	42.32	28.16-110.52	59.12	59.12
晾晒	34.08	6.11-106.15	43.10	40.54
种植	-	1.29-274.76	33.03	15.37
用水	0.96	0.38-9.80	3.02	2.90
饲养	11.40	2.20-75.17	18.92	17.98
附属	-	3.36-28.58	14.45	2.86
加建	-	4.81-50.00	23.81	2.59
前室平台	4.83	2.15-13.80	6.43	5.41
起居室	25.81	22.31-70.03	40.02	40.02
供位	2.06	0.54-3.68	1.93	1.89
内室	3.00	2.10-9.00	4.26	4.13
晒台	-	1.53-29.04	8.80	5.13
火塘区域	1.95	1.20-3.60	2.43	2.31
主人区域	3.39	1.79-9.00	4.81	4.66
祭祀区域	2.18	1.41-7.22	3.95	3.95
会客区域	5.78	1.88-15.63	7.11	6.90
餐厨区域	4.74	1.46-14.43	5.55	5.39
就寝区域	4.40	1.76-17.23	7.92	7.77
生水区域	1.47	0.54-6.17	2.11	1.46
储藏区域	9.82	1.12-16.86	7.11	6.89

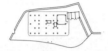

住居平面图   住居功能平面图

094

院落

住居整体形象

住居室内

火塘

095

编号	户主姓名	家庭成员姓名及与户主的关系				
C10	赵尼那	杨安不勒 母亲	赵尼茸	侄儿	赵岩搞	长女
		杨叶那 妻子	赵安罗	次女		
		赵赛门 弟弟	赵依嘎	三女		

项目	结果	范围	平均（分项）	平均（总数）
基本信息				
几代人	2	1-3	2.23	2.21
在册人口	8	1-10	4.62	4.57
常住人口	4	0-9	3.75	3.67
被测身高人性别	男	男/女	-	-
建造年代	2007	1983-2011	-	-
住居层数	2	1-2	-	-
屋顶样式	-	圆/方	-	-
结构材料	木	木/砖	-	-
旱地（单位：亩）	2.7	0.50-8.00	2.60	1.36
水田（单位：亩）	7.6	4.00-17.60	8.58	4.51
竹子（单位：亩）	10	0.20-19.00	3.82	2.84
核桃（单位：亩）	13	0.80-24.00	6.88	3.27
茶叶（单位：亩）	4.3	1.00-25.00	3.59	2.60
杉木（单位：亩）	3	0.70-8.00	2.57	0.82
猪（单位：头）	-	1-15	4.81	3.57
牛（单位：头）	-	1-4	2.14	0.45
鸡（单位：头）	-	1-20	5.18	3.07
鸭（单位：只）	-	1-11	4.56	0.72
猫（单位：只）	-	1	1	0.02
狗（单位：只）	-	1	1	0.07
长度（单位：mm）				
身高	1670	1350-1710	1578.27	-
坐高	950	850-1090	984.26	-
入口门高	1810	1400-2040	1723.63	-
晒台门高	1020	785-1880	1186.61	-
墙窗窗洞高	-	300-1230	565.27	-
墙窗下沿高	-	100-1300	822	-

位置图

C10 赵尼那
C19 赵艾改
A13 赵三块
B01 赵叶块
B05 赵宾

亲属关系位置图

项目	结果	范围	平均（分项）	平均（总数）
墙窗上沿高	1200	1170-1950	1406.48	-
顶窗窗洞高	-	300-1400	1031.43	-
顶窗下沿高	-	730-1500	1027.50	-
顶窗上下沿进深	-	500-1800	1007.14	-
室内梁高	2120	1640-2550	2017.86	-
火塘上架子高	1470	1200-1650	1447.50	-
面积（单位：㎡）				
院子	224.52	96.50-159.63	235.64	235.64
住居	68.40	28.16-110.52	59.12	59.12
晾晒	26.85	6.11-106.15	43.10	40.54
种植	18.90	1.29-274.76	33.03	15.37
用水	4.77	0.38-9.80	3.02	2.90
饲养	9.28	2.20-75.17	18.92	17.98
附属	-	3.36-28.58	14.45	2.86
加建	-	4.81-50.00	23.81	2.59
前室平台	6.48	2.15-13.80	6.43	5.41
起居室	36.18	22.31-70.03	40.02	40.02
供位	2.52	0.54-3.68	1.93	1.89
内室	4.50	2.10-9.00	4.26	4.13
晒台	8.30	1.53-29.04	8.80	5.13
火塘区域	3.20	1.20-3.60	2.43	2.31
主人区域	4.59	1.79-9.00	4.81	4.66
祭祀区域	0.00	1.41-7.22	3.95	3.95
会客区域	4.90	1.88-15.63	7.11	6.90
餐厨区域	8.59	1.46-14.43	5.55	5.39
就寝区域	0.00	1.76-17.23	7.92	7.77
生水区域	2.12	0.54-6.17	2.11	1.46
储藏区域	7.64	1.12-16.86	7.11	6.89

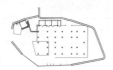

住居平面图

住居功能平面图

院落

住居入口

住居整体形象

住居室内

火塘

096

编号	户主姓名	家庭成员姓名及与户主的关系			
C19	赵岩改	杨安新	妻子	杨叶嘎	儿媳
		赵金忠	长子	赵艾绕	孙子
		赵叶抗	孙女		

项目	结果	范围	平均（分项）	平均（总数）
基本信息				
几代人	3	1-3	2.23	2.21
在册人口	6	1-10	4.62	4.57
常住人口	6	0-9	3.75	3.67
被测身高人性别	女	男/女	-	
建造年代	2008	1983-2011	-	
住居层数	2	1-2	-	
屋顶样式	-	圆/方	-	
结构材料	木	木/砖	-	
旱地（单位：亩）	3.4	0.50-8.00	2.60	1.36
水田（单位：亩）	13	4.00-17.60	8.58	4.51
竹子（单位：亩）	13	0.20-19.00	3.82	2.84
核桃（单位：亩）	9.7	0.80-24.00	6.88	3.27
茶叶（单位：亩）	1.6	1.00-25.00	3.59	2.60
杉木（单位：亩）	-	0.70-8.00	2.57	0.82
猪（单位：头）	-	1-15	4.81	3.57
牛（单位：头）	-	1-4	2.14	0.45
鸡（单位：头）	-	1-20	5.18	3.07
鸭（单位：只）	-	1-11	4.56	0.72
猫（单位：只）	-	1	1	0.02
狗（单位：只）	-	1	1	0.07
长度(单位：mm)				
身高	1450	1350-1710	1578.27	-
坐高	850	850-1090	984.26	-
入口门高	1900	1400-2040	1723.63	-
晒台门高	-	785-1880	1186.61	-
墙窗窗洞高	900	300-1230	565.27	-
墙窗下沿高	1150	100-1300	822	-

位置图

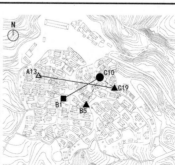

C10 赵尼那
C19 赵艾改
A13 赵三块
B01 赵叶块
B05 赵宾

亲属关系位置图

项目	结果	范围	平均（分项）	平均（总数）
墙窗上沿高	-	1170-1950	1406.48	-
顶窗窗洞高	-	300-1400	1031.43	-
顶窗下沿高	-	730-1500	1027.50	-
顶窗上下沿进深	-	500-1800	1007.14	-
室内梁高	2550	1640-2550	2017.86	-
火塘上架子高	1600	1200-1650	1447.50	-
面积（单位：㎡）				
院子	224.78	96.50-159.63	235.64	235.64
住居	70.00	28.16-110.52	59.12	59.12
晾晒	54.69	6.11-106.15	43.10	40.54
种植	-	1.29-274.76	33.03	15.37
用水	1.75	0.38-9.80	3.02	2.90
饲养	14.94	2.20-75.17	18.92	17.98
附属	14.58	3.36-28.58	14.45	2.86
加建	-	4.81-50.00	23.81	2.59
前室平台	-	2.15-13.80	6.43	5.41
起居室	23.40	22.31-70.03	40.02	40.02
供位	1.43	0.54-3.68	1.93	1.89
内室	4.60	2.10-9.00	4.26	4.13
晒台	-	1.53-29.04	8.80	5.13
火塘区域	-	1.20-3.60	2.43	2.31
主人区域	2.92	1.79-9.00	4.81	4.66
祭祀区域	2.24	1.41-7.22	3.95	3.95
会客区域	3.77	1.88-15.63	7.11	6.90
餐厨区域	14.43	1.46-14.43	5.55	5.39
就寝区域	2.19	1.76-17.23	7.92	7.77
生水区域	3.60	0.54-6.17	2.11	1.46
储藏区域	8.10	1.12-16.86	7.11	6.89

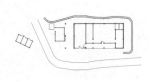

住居平面图 住居功能平面图

096

住居整体形象

住居室内

火塘

097

编号	户主姓名	家庭成员姓名及与户主的关系	
A13	赵三块	杨侬嘎	妻子
		赵叶茸	长女
		赵侬嘎	次女

项目	结果	范围	平均（分项）	平均（总数）
基本信息				
几代人	2	1-3	2.23	2.21
在册人口	5	1-10	4.62	4.57
常住人口	4	0-9	3.75	3.67
被测身高人性别	女	男/女	-	-
建造年代	2003	1983-2011	-	-
住居层数	2	1-2	-	-
屋顶样式	-	圆/方	-	-
结构材料	木	木/砖	-	-
旱地（单位：亩）	2.7	0.50-8.00	2.60	1.36
水田（单位：亩）	7.6	4.00-17.60	8.58	4.51
竹子（单位：亩）	11	0.20-19.00	3.82	2.84
核桃（单位：亩）	11	0.80-24.00	6.88	3.27
茶叶（单位：亩）	4	1.00-25.00	3.59	2.60
杉木（单位：亩）	2	0.70-8.00	2.57	0.82
猪（单位：头）	3	1-15	4.81	3.57
牛（单位：头）	-	1-4	2.14	0.45
鸡（单位：头）	1	1-20	5.18	3.07
鸭（单位：只）	-	1-11	4.56	0.72
猫（单位：只）	-	1	1	0.02
狗（单位：只）	1	1	1	0.07
长度（单位：mm）				
身高	1460	1350-1710	1578.27	-
坐高	950	850-1090	984.26	-
入口门高	1720	1400-2040	1723.63	-
晒台门高	-	785-1880	1186.61	-
墙窗窗洞高	650	300-1230	565.27	-
墙窗下沿高	780	100-1300	822	-

位置图

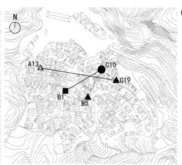

亲属关系位置图

C10 赵尼那
C19 赵艾改
A13 赵三块
B01 赵叶块
B05 赵宾

项目	结果	范围	平均（分项）	平均（总数）
墙窗上沿高	1700	1170-1950	1406.48	-
顶窗窗洞高	-	300-1400	1031.43	-
顶窗下沿高	-	730-1500	1027.50	-
顶窗上下沿进深	-	500-1800	1007.14	-
室内梁高	2000	1640-2550	2017.86	-
火塘上架子高	1460	1200-1650	1447.50	-
面积（单位：㎡）				
院子	162.84	96.50-159.63	235.64	235.64
住居	41.84	28.16-110.52	59.12	59.12
晾晒	14.71	6.11-106.15	43.10	40.54
种植	-	1.29-274.76	33.03	15.37
用水	2.75	0.38-9.80	3.02	2.90
饲养	29.09	2.20-75.17	18.92	17.98
附属	-	3.36-28.58	14.45	2.86
加建	-	4.81-50.00	23.81	2.59
前室平台	3.34	2.15-13.80	6.43	5.41
起居室	28.65	22.31-70.03	40.02	40.02
供位	1.49	0.54-3.68	1.93	1.89
内室	2.64	2.10-9.00	4.26	4.13
晒台	-	1.53-29.04	8.80	5.13
火塘区域	1.88	1.20-3.60	2.43	2.31
主人区域	4.08	1.79-9.00	4.81	4.66
祭祀区域	1.87	1.41-7.22	3.95	3.95
会客区域	3.76	1.88-15.63	7.11	6.90
餐厨区域	3.11	1.46-14.43	5.55	5.39
就寝区域	6.38	1.76-17.23	7.92	7.77
生水区域	0.77	0.54-6.17	2.11	1.46
储藏区域	2.35	1.12-16.86	7.11	6.89

住居平面图

住居功能平面图

院落

住居入口

住居整体形象

住居室内

火塘

098

编号	户主姓名	家庭成员姓名及与户主的关系					
B01	赵叶块	不 详	母亲	肖叶新	长女	肖饿茸	侄子
		肖艾倒	长子	肖依布勒	次女	肖建成	孙子
		肖三木嘎	侄子	肖叶那	侄女		

项目	结果	范围	平均（分项）	平均（总数）
基本信息				
几代人	3	1-3	2.23	2.21
在册人口	10	1-10	4.62	4.57
常住人口	3	0-9	3.75	3.67
被测身高人性别	男	男/女	-	
建造年代	2002	1983-2011	-	
住居层数	2	1-2	-	
屋顶样式	圆	圆/方	-	
结构材料	木	木/砖	-	
旱地（单位：亩）	1	0.50-8.00	2.60	1.36
水田（单位：亩）	15	4.00-17.60	8.58	4.51
竹子（单位：亩）	1.5	0.20-19.00	3.82	2.84
核桃（单位：亩）	4	0.80-24.00	6.88	3.27
茶叶（单位：亩）	8	1.00-25.00	3.59	2.60
杉木（单位：亩）	3.5	0.70-8.00	2.57	0.82
猪（单位：头）	5	1-15	4.81	3.57
牛（单位：头）	-	1-4	2.14	0.45
鸡（单位：头）	-	1-20	5.18	3.07
鸭（单位：只）	-	1-11	4.56	0.72
猫（单位：只）	-	1	1	0.02
狗（单位：只）	-	1	1	0.07
长度(单位：mm)				
身高	1700	1350-1710	1578.27	-
坐高	1070	850-1090	984.26	-
入口门高	1800	1400-2040	1723.63	-
晒台门高	-	785-1880	1186.61	-
墙窗窗洞高	-	300-1230	565.27	-
墙窗下沿高	-	100-1300	822	-

位置图

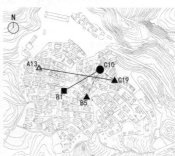

C10 赵尼那
C19 赵艾改
A13 赵三块
B01 赵叶块
B05 赵宾

亲属关系位置图

项目	结果	范围	平均（分项）	平均（总数）
墙窗上沿高	-	1170-1950	1406.48	-
顶窗窗洞高	1400	300-1400	1031.43	-
顶窗下沿高	900	730-1500	1027.50	-
顶窗上下沿进深	1350	500-1800	1007.14	-
室内梁高	2000	1640-2550	2017.86	-
火塘上架子高	1600	1200-1650	1447.50	-
面积（单位：㎡）				
院子	213.67	96.50-159.63	235.64	235.64
住居	68.27	28.16-110.52	59.12	59.12
晾晒	11.42	6.11-106.15	43.10	40.54
种植	4.87	1.29-274.76	33.03	15.37
用水	4.81	0.38-9.80	3.02	2.90
饲养	11.50	2.20-75.17	18.92	17.98
附属	-	3.36-28.58	14.45	2.86
加建	-	4.81-50.00	23.81	2.59
前室平台	3.57	2.15-13.80	6.43	5.41
起居室	45.43	22.31-70.03	40.02	40.02
供位	2.55	0.54-3.68	1.93	1.89
内室	4.13	2.10-9.00	4.26	4.13
晒台	-	1.53-29.04	8.80	5.13
火塘区域	2.17	1.20-3.60	2.43	2.31
主人区域	5.15	1.79-9.00	4.81	4.66
祭祀区域	4.58	1.41-7.22	3.95	3.95
会客区域	9.22	1.88-15.63	7.11	6.90
餐厨区域	5.19	1.46-14.43	5.55	5.39
就寝区域	9.57	1.76-17.23	7.92	7.77
生水区域	1.73	0.54-6.17	2.11	1.46
储藏区域	8.28	1.12-16.86	7.11	6.89

住居平面图

住居功能平面图

098

院落

住居入口

住居整体形象

住居室内

火塘

099

编号	户主姓名	家庭成员姓名及与户主的关系
B05	赵宾	不 详　父亲　赵尼倒　长子 不 详　母亲　赵三木嘎　次子 肖依惹　妻子

项目	结果	范围	平均（分项）	平均（总数）
基本信息				
几代人	3	1-3	2.23	2.21
在册人口	6	1-10	4.62	4.57
常住人口	6	0-9	3.75	3.67
被测身高人性别	男	男/女	-	-
建造年代	2000	1983-2011	-	-
住居层数	2	1-2	-	-
屋顶样式	-	圆/方	-	-
结构材料	木	木/砖	-	-
旱地（单位：亩）	7	0.50-8.00	2.60	1.36
水田（单位：亩）	5	4.00-17.60	8.58	4.51
竹子（单位：亩）	1.5	0.20-19.00	3.82	2.84
核桃（单位：亩）	4	0.80-24.00	6.88	3.27
茶叶（单位：亩）	9	1.00-25.00	3.59	2.60
杉木（单位：亩）	8	0.70-8.00	2.57	0.82
猪（单位：头）	6	1-15	4.81	3.57
牛（单位：头）	-	1-4	2.14	0.45
鸡（单位：头）	1	1-20	5.18	3.07
鸭（单位：只）	-	1-11	4.56	0.72
猫（单位：只）	-	1	1	0.02
狗（单位：只）	-	1	1	0.07
长度（单位：mm）				
身高	1700	1350-1710	1578.27	-
坐高	1090	850-1090	984.26	-
入口门高	1670	1400-2040	1723.63	-
晒台门高	1230	785-1880	1186.61	-
墙窗窗洞高	430	300-1230	565.27	-
墙窗下沿高	500	100-1300	822	

位置图

亲属关系位置图

C10 赵尼那
C19 赵艾改
A13 赵三块
B01 赵叶块
B05 赵宾

项目	结果	范围	平均（分项）	平均（总数）
墙窗上沿高	1360	1170-1950	1406.48	-
顶窗窗洞高	-	300-1400	1031.43	-
顶窗下沿高	-	730-1500	1027.50	-
顶窗上下沿进深	-	500-1800	1007.14	-
室内梁高	1970	1640-2550	2017.86	-
火塘上架子高	1570	1200-1650	1447.50	-
面积（单位：㎡）				
院子	208.38	96.50-159.63	235.64	235.64
住居	61.32	28.16-110.52	59.12	59.12
晾晒	24.60	6.11-106.15	43.10	40.54
种植	8.60	1.29-274.76	33.03	15.37
用水	4.50	0.38-9.80	3.02	2.90
饲养	29.01	2.20-75.17	18.92	17.98
附属	-	3.36-28.58	14.45	2.86
加建	-	4.81-50.00	23.81	2.59
前室平台	6.89	2.15-13.80	6.43	5.41
起居室	50.12	22.31-70.03	40.02	40.02
供位	1.49	0.54-3.68	1.93	1.89
内室	2.17	2.10-9.00	4.26	4.13
晒台	27.32	1.53-29.04	8.80	5.13
火塘区域	3.05	1.20-3.60	2.43	2.31
主人区域	6.14	1.79-9.00	4.81	4.66
祭祀区域	4.42	1.41-7.22	3.95	3.95
会客区域	7.13	1.88-15.63	7.11	6.90
餐厨区域	4.72	1.46-14.43	5.55	5.39
就寝区域	13.52	1.76-17.23	7.92	7.77
生水区域	2.65	0.54-6.17	2.11	1.46
储藏区域	4.29	1.12-16.86	7.11	6.89

住居平面图

住居功能平面图

099

院落

住居入口

任居整体形象

住居室内

火塘

100

编号	户主姓名	家庭成员姓名及与户主的关系
B14	赵锋	肖安模　妻子 赵叶那　长女 肖艾改　大舅哥

项目	结果	范围	平均（分项）	平均（总数）
基本信息				
几代人	2	1-3	2.23	2.21
在册人口	4	1-10	4.62	4.57
常住人口	1	0-9	3.75	3.67
被测身高人性别	女	男/女	-	-
建造年代	2000	1983-2011	-	-
住居层数	2	1-2	-	-
屋顶样式	圆	圆/方	-	-
结构材料	木	木/砖	-	-
旱地（单位：亩）	1.9	0.50-8.00	2.60	1.36
水田（单位：亩）	6.7	4.00-17.60	8.58	4.51
竹子（单位：亩）	0.2	0.20-19.00	3.82	2.84
核桃（单位：亩）	2.2	0.80-24.00	6.88	3.27
茶叶（单位：亩）	2	1.00-25.00	3.59	2.60
杉木（单位：亩）	1	0.70-8.00	2.57	0.82
猪（单位：头）	3	1-15	4.81	3.57
牛（单位：头）	-	1-4	2.14	0.45
鸡（单位：头）	2	1-20	5.18	3.07
鸭（单位：只）	2	1-11	4.56	0.72
猫（单位：只）	-	1	1	0.02
狗（单位：只）	-	1	1	0.07
长度(单位：mm)				
身高	1460	1350-1710	1578.27	-
坐高	920	850-1090	984.26	-
入口门高	1500	1400-2040	1723.63	-
晒台门高	-	785-1880	1186.61	-
墙窗窗洞高	-	300-1230	565.27	-
墙窗下沿高	-	100-1300	822	-

B14 赵锋

位置图

亲属关系位置图

项目	结果	范围	平均（分项）	平均（总数）
墙窗上沿高	-	1170-1950	1406.48	-
顶窗窗洞高	-	300-1400	1031.43	-
顶窗下沿高	-	730-1500	1027.50	-
顶窗上下沿进深	-	500-1800	1007.14	-
室内梁高	1820	1640-2550	2017.86	-
火塘上架子高	1410	1200-1650	1447.50	-
面积（单位：㎡）				
院子	196.77	96.50-159.63	235.64	235.64
住居	51.81	28.16-110.52	59.12	59.12
晾晒	7.41	6.11-106.15	43.10	40.54
种植	-	1.29-274.76	33.03	15.37
用水	3.85	0.38-9.80	3.02	2.90
饲养	4.38	2.20-75.17	18.92	17.98
附属	-	3.36-28.58	14.45	2.86
加建	-	4.81-50.00	23.81	2.59
前室平台	5.34	2.15-13.80	6.43	5.41
起居室	39.62	22.31-70.03	40.02	40.02
供位	2.07	0.54-3.68	1.93	1.89
内室	4.47	2.10-9.00	4.26	4.13
晒台	-	1.53-29.04	8.80	5.13
火塘区域	2.17	1.20-3.60	2.43	2.31
主人区域	4.02	1.79-9.00	4.81	4.66
祭祀区域	5.48	1.41-7.22	3.95	3.95
会客区域	5.68	1.88-15.63	7.11	6.90
餐厨区域	2.30	1.46-14.43	5.55	5.39
就寝区域	7.56	1.76-17.23	7.92	7.77
生水区域	1.28	0.54-6.17	2.11	1.46
储藏区域	3.89	1.12-16.86	7.11	6.89

住居平面图

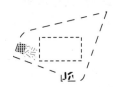

住居功能平面图

院落　　　　　　　　住居入口

住居整体形象

住居室内

火塘

101

项目	结果	范围	平均（分项）	平均（总数）
基本信息				
几代人	1	1-3	2.23	2.21
在册人口	1	1-10	4.62	4.57
常住人口	1	0-9	3.75	3.67
被测身高人性别	女	男/女	-	-
建造年代	2008	1983-2011	-	-
住居层数	2	1-2	-	-
屋顶样式	-	圆/方	-	-
结构材料	木	木/砖	-	-
旱地（单位：亩）	-	0.50-8.00	2.60	1.36
水田（单位：亩）	-	4.00-17.60	8.58	4.51
竹子（单位：亩）	-	0.20-19.00	3.82	2.84
核桃（单位：亩）	-	0.80-24.00	6.88	3.27
茶叶（单位：亩）	-	1.00-25.00	3.59	2.60
杉木（单位：亩）	-	0.70-8.00	2.57	0.82
猪（单位：头）	-	1-15	4.81	3.57
牛（单位：头）	-	1-4	2.14	0.45
鸡（单位：头）	-	1-20	5.18	3.07
鸭（单位：只）	-	1-11	4.56	0.72
猫（单位：只）	-	1	1	0.02
狗（单位：只）	-	1	1	0.07
长度(单位：mm)				
身高	1500	1350-1710	1578.27	-
坐高	1020	850-1090	984.26	-
入口门高	1750	1400-2040	1723.63	-
晒台门高	1010	785-1880	1186.61	-
墙窗窗洞高	480	300-1230	565.27	-
墙窗下沿高	665	100-1300	822	-

位置图

A20 赵岩来

亲属关系位置图

项目	结果	范围	平均（分项）	平均（总数）
墙窗上沿高	1230	1170-1950	1406.48	-
顶窗窗洞高	-	300-1400	1031.43	
顶窗下沿高	-	730-1500	1027.50	
顶窗上下沿进深	-	500-1800	1007.14	
室内梁高	2100	1640-2550	2017.86	-
火塘上架子高	1600	1200-1650	1447.50	-
面积（单位：㎡）				
院子	197.2	96.50-159.63	235.64	235.64
住居	73.5	28.16-110.52	59.12	59.12
晾晒	22.51	6.11-106.15	43.10	40.54
种植	-	1.29-274.76	33.03	15.37
用水	2.21	0.38-9.80	3.02	2.90
饲养	13.8	2.20-75.17	18.92	17.98
附属	-	3.36-28.58	14.45	2.86
加建	-	4.81-50.00	23.81	2.59
前室平台	7.34	2.15-13.80	6.43	5.41
起居室	28.97	22.31-70.03	40.02	40.02
供位	2.80	0.54-3.68	1.93	1.89
内室	4.55	2.10-9.00	4.26	4.13
晒台	10.22	1.53-29.04	8.80	5.13
火塘区域	2.45	1.20-3.60	2.43	2.31
主人区域	5.40	1.79-9.00	4.81	4.66
祭祀区域	2.48	1.41-7.22	3.95	3.95
会客区域	10.34	1.88-15.63	7.11	6.90
餐厨区域	9.32	1.46-14.43	5.55	5.39
就寝区域	3.60	1.76-17.23	7.92	7.77
生水区域	-	0.54-6.17	2.11	1.46
储藏区域	11.88	1.12-16.86	7.11	6.89

住居平面图

住居功能平面图

101

院落

住居入口

住居整体形象

住居室内

火塘

后 记

本书的研究和完成首先要感谢的是恩师王昀老师，书中大部分内容来自于我的研究生论文，而论文的方向和研究都是在王老师的大力提点和指导下进行并完成的，本书的出版虽不能算是一份成就，但希望也可勉强算是一份成果回报给王昀老师对于本人的教导和关爱。同时还要感谢学习期间的另一位导师陈静勇老师对于我在论文方面的指导和教诲，使得论文可以顺利完成。在此期间还要特别感谢宁晶老师对于我学习和生活中的关心和爱护。

本书的研究工作最早始于2013年，先后进行了两次实地调查。第一次调查是在2011年10月，由王昀、方海、黄居正三位老师带队，参加调研的还有刘禹、张聪聪、何松、郭婧、张振坤六位同学。调查了云南西南部部分聚落，当时翁丁村作为一个重点调查对象，这是我第一次对其进行调查。

2012年11月20日开始作为翁丁村的居民开始正式入驻翁丁村，一个多月的时间与刘禹和赵冠男两位同学住在村民李宏的家里。这一次调查是在第一次调查的基础上，有目的的依据事先制定了的详细的调查内容和计划，结合现场不断的对计划内容进行修订，重点地对聚落空间的测绘的同时还重点地所测绘的民居中的居民的整体情况进行了调查。空间测绘包括有对聚落总平面图的核对和更新；聚落中全部101户居民住居的平面图的测绘；聚落主要公共空间平面图的测绘；典型住居结构剖面的测绘。而对相应的住居的居民的调查包括有住居居民的姓名、性别、家庭关系、家族关系、身高、坐高、等基本信息的采访；对于生活行为内容、时间的居住行为情况的记录；还包括对聚落居民的民族风俗、宗教仪式、传统观念等的了解。通过这次的调查，获得了较为全面的聚落空间数据以及聚落居民的各方面信息。

这一系列云南聚落调查的完成要感谢云南省城乡规划设计研究院的张辉院长，他为我们进行云南聚落的调查提供了强有力的帮助。方海老师、黄居正老师在调查中的指导和建议，以及刘禹和赵冠男两位同学在整个调研工作中所给予的协作，谨此深表谢意。

本书的能够顺利出版还要感谢本书的责任编辑张幼平先生、王莉慧副总编及参与本书校对的张颖和刘梦然编辑。同时感谢北京建筑大学领导及相关部门对于本书出版所给予的支持。

最后仅以此书感谢家人对我的支持和关爱。

张捍平

2014年5月